过量施氮对主要农作物产量和品质的影响

王　峰　虞轶俊　主编

中国农业出版社

北　京

图书在版编目（CIP）数据

过量施氮对主要农作物产量和品质的影响／王峰，虞轶俊主编．—北京：中国农业出版社，2021.5
ISBN 978-7-109-27972-8

Ⅰ．①过… Ⅱ．①王…②虞… Ⅲ．①氮肥－影响－作物－产量－研究②氮肥－影响－作物－品质－研究 Ⅳ．①S147.2

中国版本图书馆 CIP 数据核字（2021）第 037477 号

中国农业出版社出版
地址：北京市朝阳区麦子店街 18 号楼
邮编：100125
责任编辑：魏兆猛 张洪光
版式设计：杜 然 责任校对：吴丽婷 责任印制：王 宏
印刷：北京通州皇家印刷厂
版次：2021 年 5 月第 1 版
印次：2021 年 5 月北京第 1 次印刷
发行：新华书店北京发行所
开本：880mm×1230mm 1/32
印张：5.5
字数：150 千字
定价：39.00 元

编 委 会

前　　言

　　化肥是粮食的"粮食"，合理施用氮肥是提高中国主要粮食作物单产的重要途径之一。然而，在化肥施用过程中，氮肥施用过多以及结构不合理不仅会引起化肥流失率过高、面源污染扩大，还会显著造成粮食产出和品质下降等问题，这不仅增加了中国粮食生产成本，还带来了日趋严重的土壤、水等环境问题，影响着粮食生产的可持续发展。如何有效减少氮肥施用以降低过量施肥程度，并能同时保持粮食生产的产量和提高粮食的质量，已成为政府部门和学术界关注的重点和热点问题。

　　那么，现阶段中国主要粮食作物过量施氮程度如何？中国主要粮食作物主产区过量施氮程度如何？过量施氮对中国主要粮食作物的产量和品质有哪些影响？什么原因导致过量施氮情况下粮食作物产量和品质的下降？采取何种措施可实现中国主要粮食作物的氮肥减量？发达国家化肥减量的做法以及我国实行氮肥减量的实施路径与对策是什么？目前的研究还未就此给出令人信服的答案。对这些问题进行深入细致研究并给出符合实际的科学解答，将会为中国政府完善和推动化肥减量相关政策的有效实施提供直接参考，具有重要的实践价值，对于向农户传播在农业生产过程中合理施用氮肥的知识与概念，具有重要的社会价值。

　　为此，本文分析概括了中国氮肥施用现状和氮肥施用过量面临的环境（包括土壤、水质、大气环境）问题，过量施氮对土壤微生物群落多样性和作物农药用量的影响，并分别就过量施氮对中国主要作物 ［水稻，小麦，玉米，油菜，棉花，蔬菜（辣椒、番茄、茄子、马铃薯），柑橘，葡萄，甘蔗，茶叶和烟草］ 的产量和品质的影响和相关作用机理进行研究，以此阐明我国化肥减量的必要性和迫切性，并分析了发达国家化肥减量政策及对我国限量施肥的启示，提出了我国实行化肥减量的实施路径与对策建议，为我国政府制定、完善和实施相关政策提供决策参考，为相关农业生产者实行化肥减量提供理论支撑。

本书的编写出版得到了省重点研发项目（计划编号：2021C02035）的支持。由于时间紧迫，加之水平有限，书中难免存在疏漏与不足之处，敬请广大读者批评指正。

编 者

2020 年 7 月

目　　录

第一章　中国氮肥施用现状

　　氮素是农作物生长发育必需的重要营养元素之一，它是植物体内蛋白质、氨基酸等碳水化合物的基本组成成分，在植物生长发育的过程中发挥了极其重要的作用[1]。Haber-Bosch工艺（哈伯法，一种通过氮气及氢气产生氨气的方法）的诞生使得大气中氮可以被高效地转化为氮肥[2,3]。第二次世界大战以后，氮肥迅速普及到全世界绝大部分地区的农业生产中。在我国，经过70余年的大力推广，化肥投入量已经达到很高的水平，我国已成为世界上最大的化肥生产国和消费国，也是世界上化肥过量施用程度最高的国家之一[4]。据联合国粮食及农业组织（FAO，2017）统计数据，我国用占全世界8.6％的耕地，生产了全世界近20％的粮食、52％的蔬菜和22％的水果，养活了全世界19％的人口，创造了人类前所未有的奇迹，但是我们也付出了非常大的资源代价。2016年，我国单位耕地面积化肥使用量达到443.3kg/hm²，为国际化肥安全施用上限（225kg/hm²）的1.97倍。尤其是化肥中氮肥的施用，我国消耗了占全世界27.1％的氮肥，单位耕地面积氮肥用量是世界平均水平的3.1倍，是亚洲的2倍，是欧洲的4.2倍，是美洲的3.3倍，是澳洲的4.6倍，是非洲的15倍。在前十大氮肥消费国中，中国的氮肥用量远高于其他国家，是印度（第二名）的1.7倍，是越南（第十名）的19.1倍。在粮食生产中，化肥是增加单位面积产出水平的重要投入因素。我国的单位粮食氮肥投入为54g/kg，远远高于美国（27g/kg）和法国（35g/kg）等发达国家（表1-1）。

表 1-1 2017 年世界主要国家和地区氮肥消费现状（FAO，2017）

	粮食总产 （万 t）	氮肥消费量 （万 t）	耕地面积 （10^7 hm²）	单位耕地面积 氮肥消费量 （kg/hm²）	单位粮食 氮肥投入 （g/kg）
世界	272 388	10 914	156.1	69.9	40
亚洲	121 060	6 377	58.9	108.3	53
美洲	75 357	2 445	37.2	65.7	32
欧洲	51 971	1 526	28.9	52.8	29
非洲	18 924	410	27.9	14.7	22
大洋洲	5 076	156	3.3	47.3	31
前十大氮肥消费国					
中国*	54 711	2 962	13.5	219.6	54
印度	25 750	1 696	16.9	100.1	66
美国	43 743	1 165	16.0	72.6	27
巴西	11 363	517	6.3	81.6	45
巴基斯坦	4 038	345	3.2	107.7	85
印度尼西亚	8 223	295	5.1	57.5	36
加拿大	5 631	247	3.8	64.4	44
法国	6 447	223	1.9	114.8	35
土耳其	3 583	176	2.3	75.5	49
越南	3 364	155	1.2	134.4	46

＊中国大陆。

一、过量施肥程度的概念界定

化肥过量施用的程度可以从农学、生态学和经济学三个角度进行概念定义。判断化肥施用是否"过量"，要以化肥"最佳"施用量作为对照。农学角度的"最佳"施用量习惯上主要从农产品产量和品质输出最大化进行考虑；生态环境角度的"最优"施用量，除了考虑到化肥施用过程中的要素成本，还将化肥投入带来的外部环境成本包括在化肥施用成本中；而从经济学角度则将农户看作理性的"经济人"，该"理性小农"在实际生产中追求利润最大化，或者说自身生产成本的最小化，因此，经济学角度的"最佳"施用量以"理性小农"决策为依据。

从农学角度出发，在粮食生产中，假设以化肥为唯一的可变投入要素，则其产量曲线如图 1-1a 所示。图 1-1 中 f_1 为农产品产值最大的要素投入点，投入量超过此点产量将不再增加或呈下降趋势，此点即为农学上化肥投入最优量。从经济学角度来看，边际成本等于边际收益时实现利润最大化，即边际收益曲线（Marginal revenue curve，MR）与边际成本曲线（Marginal cost curve，MC）的交点 f_2 为经济学角度的最优化肥施用量。从生态环境角度来看，边际成本曲线考虑加入社会成本（包括环境污染治理成本、农产品品质下降等），生成边际社会成本收益曲线，所以边际收益曲线与边际社会成本曲线（Marginal social cost curve，MSC）的交点 f_3 为生态环境角度的最优化肥施用量（图 1-1b）。农学角度 f_1 只考虑产出未考虑成本，且从经济学层面考虑，在 f_1 处边际成本是趋于无限大的，所以在图 1-1b 中 f_1 位于 f_2、f_3 的右侧，即农学角度测算出来的化肥最优施用量是最大的。如图 1-1b 所示，由于考虑了环境成本，从生态环境角度出发测算的最优施肥量 f_3 是三者中最小的，即 $f_3 < f_2 < f_1$。

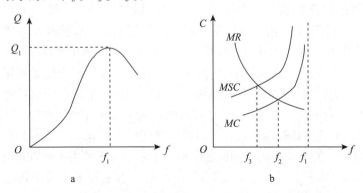

图 1-1 农学、经济学和生态学三个角度化肥最佳施用量

从农业发展历史上看，我国的氮肥使用的情况是从不足逐步演变为过量的[5]。自 20 世纪 80 年代开始，全国范围内总氮素出现迅速盈余。鲁如坤等（1996）研究发现这个时期的全国氮素盈余率为 39%～45%，氮盈余量为 90 万～200 万 t，到 90 年代已经达到了 1 400 万～1 700 万 t 的氮盈余[6]。氮素过量的情况一直持续到了 2005 年，从 2005 年开始，我国政府开始大力推广测土配方等科学施肥措施，这项举措从某种程度上显著放缓了氮肥用量持续增长的趋势，我国土壤氮素过量的状况开始有所好转，但全国的氮素盈余量在 2010 年左右仍为 1 063 万 t 左右，我国过量施肥问题依然很严重。过量施肥在增加粮食生产成本、造成资源浪费的同时，还威胁到粮食安全、土壤安全（土壤酸化、次生盐渍化、土壤板结、养分失衡）、水生态环境安全等，不仅严重制约着我国农业绿色可持续发展，也直接影响着经济社会的可持续发展和人类身体健康[7]。

二、我国过量施氮状况

1. 从自然科学角度看我国施氮状况

从自然科学角度出发，粮食作物过量施肥程度的主要判断依据为作物产量最大化和有效吸收量。朱兆良（2000）根据中国 ^{15}N 标记氮肥的田间试验结果，以效益最优条件下稻田氮素有效吸收量为判断依据，研究得出中国粮食作物的氮肥利用率为 30%～35%，水稻过量施肥程度达到 70%[8]；陈同斌等（2002）根据 1990—1998 年中国不同化肥施用量和粮食产量等数据，以能被作物吸收的实际有效养分为基础，测算中国三大区域化肥利用率也存在较大差异，高施肥区的化肥利用率为 26.1%，中过量区的化肥利用率为 33.2%，低过量区的化肥利用率为 34.8%，全国平均过量施肥程度达到 69%[9]；张福锁等（2008）通过对中国粮食主产区的 1 333 个田间试验结果进行氮、磷、钾肥的农学效率、肥料利用率等分析，测算出中国不同地区水稻、小麦、玉米的当季肥料利用率分别为 28.3%、28.2%、26.1%，水稻、小麦和玉米的平均过量施肥程度均在 70% 以上[10]；中国科学院南京土壤研究所统计全国

782 个试验的结果，得出氮肥的利用率仅为 28％～41％，平均利用率为 35％左右，平均过量施肥程度达到 65％[11]。

2. 从经济学角度看我国施氮状况

基于自然科学角度的过量施肥程度测算，为过量施肥程度的研究提供了良好的科学基础，但以此测算出的过量施肥程度只考虑了产出未考虑成本，且推测结果会随着作物生产条件、气候情况以及生产技术等外部环境变化而变化。近年来，很多学者开始从经济学角度，基于利润最大化原理，依据边际产品价值等于边际成本的原则对过量施肥程度进行测定。张林秀等（2006）基于 1984—2000 年全国农产品成本收益调查数据，测算得出 1984—1990 年期间中国水稻、小麦和玉米的过量施肥程度分别为 36％、33％、50％，1991—2000 年期间中国水稻、小麦和玉米的过量施肥程度分别为 61％、56％、56％[12]；史常亮等（2016）基于全国主产区省份的数据测算得出 2004—2013 年中国水稻、小麦、玉米的过量施肥程度分别为 34.95％、56.73％和 44.58％[13]；仇焕广等（2016）基于黑龙江、吉林、河南和山东 4 省玉米种植农户的化肥施用数据测算得出每亩*过量施用量达 10.4kg，化肥过量施用程度为 38.5％[14]；杨万江等（2017）基于长江流域六省 678 户稻农的化肥施用数据，测算得出水稻过量施肥程度为 44.41％[15]；刘文倩等（2018）基于浙江省 4 县（市）的山区农户调查数据，测算得出农户对粮食作物、经济作物种植中的化肥投入均过量 50％以上，其中粮食作物化肥过量施用程度较严重[16]（表 1-2）。

表 1-2 中国主要粮食作物过量施肥程度

时间	样本水平	水稻	小麦	玉米	数据出处
1984—1990 年	省级	36％	33％	50％	张林秀等[17]，2006
1991—2000 年	省级	61％	56％	56％	
2004—2013 年	省级	34.95％	56.73％	44.58％	史常亮等[18]，2016

---

* 亩为非法定计量单位，1 亩＝1/15hm²。——编者注

（续）

时间	样本水平	水稻	小麦	玉米	数据出处
2002 年	县级	13.53%	—	—	向平安等[19]，2006
2014 年	农户	44.41%	—	—	杨万江等[20]，2017
2003 年	农户	—	40.3%	—	张卫峰等[21]，2008
2010 年	农户	—	—	38.5%	仇焕广等[22]，2014
2010 年	农户	—	—	42.5%	Hao Luan 等[23]，2013

图 1-2 显示了 2002—2015 年中国主要粮食作物的过量施肥程度及其变化态势。从图中可以发现，中国三大粮食作物的过量施肥程度变化态势基本保持一致，大致经历了先持续下降（2002—2004年）再波动上升（2005—2015 年）两个阶段。

第一阶段为持续下降阶段（2002—2004 年）。该阶段水稻、小麦、玉米的过量施肥程度分别下降了 1.25%、9.86%、2.00%；其中，水稻下降态势最为平缓，小麦下降态势最为明显。这期间过量施肥程度下降可能受粮食价格下降以及化肥生产成本上升的影响。一方面受到 1998 年亚洲金融危机的影响，世界粮食价格持续下跌，农民种粮积极性下降，从而施肥量减少；另一方面，2001年中国加入世界贸易组织后，国内化肥市场逐步开放，初步建立化肥价格市场机制，并对尿素等产品开始征收增值税，取消化肥部分产业优惠政策，导致化肥生产成本提高，市场价格上升，农户对化肥需求量下降。

第二阶段为波动上升阶段（2005—2015 年）。该阶段水稻、小麦、玉米的过量施肥程度分别上升了 5.92%、9.61%、15.77%；其中，水稻呈现平稳上升的态势，玉米呈现波动上升的态势，小麦呈现先缓慢上升再波动上升的波动态势。这期间过量施肥程度上升可能原因在于：2005 年以来，为确保粮食安全，激发农民种粮积极性，中国实施了一系列提高粮食产量的政策，从而导致农户的化肥使用量增加。例如，2004 年中国开始实施农业税减免政策，同时向农民提供"种粮直接补贴""农机具购置补贴"等四种财政补贴；2006 年，中国先后对化肥行业出台电价补贴、运输补贴、价格补贴以及退还和减免增值税等；国家对化肥行业的价格管制政策以及对农民的财政支农政策导致了化肥要素市场扭曲同时，化肥价格的相对低廉造成了化肥要素对劳动等其他要素的替代，二者均助长了农户过量施肥。同时，近年来，随着城镇化推进，农村劳动力转移，务农人员老龄化趋势加重，尽管粮食种植效益下降、用工成本增加，但粮多肥多的观念根深蒂固，农民为节省施肥次数、追求产量、降低人工费用而过量施肥，以求心里安稳，而缺乏对种植效益的综合考量，更忽视对生态环境的影响。

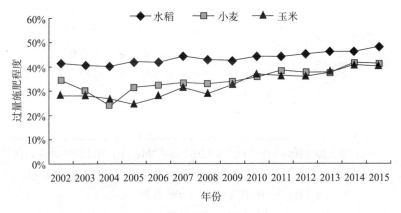

图 1-2 2002—2015 年中国水稻、小麦和玉米过量施肥程度

2002—2015 年中国七大区域粮食作物过量施肥程度的测定结果如图 1-3 所示。华南地区粮食作物过量施肥程度最高（51.89%），其次为长江中下游地区（40.50%）和黄淮海地区（38.80%），再次为北部高原地区（34.52%）、西南地区（32.27%）和西北地区（31.20%），东北地区过量施肥程度最低（27.94%）。究其原因，作物过量施肥程度与其自然条件和经济条件的区域差异密不可分。华南地区常年气候温暖湿润，水热条件优良，耕地复种指数高，同时该地区经济发达，农民非农就业机会增多，农村青壮年劳动力严重流失，农户多通过追施化肥等投入要素来替代劳

动力，导致化肥投入增加；长江中下游地区和黄淮海地区是中国传统的粮食生产基地，耕地资源禀赋较好，增产压力较大，农户倾向于多施加肥料，同时这两个区域农民非农就业机会也相对较多，导致过量施肥程度较高。北部高原地区耕地资源禀赋和灌溉条件较差，化肥使用效率低，农户为追求粮食高产，更加倾向于多施化肥，导致过量施肥程度较高。东北地区耕地资源丰富、土壤肥沃、地形平坦，农业机械化程度较高；机械化操作（包括整田、施肥等）能够显著降低化肥施用量，从而导致东北地区整体的化肥投入相对较低。

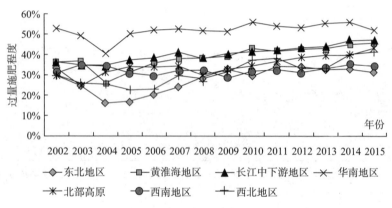

图 1-3 2002—2015 年中国七大区域三类粮食作物的平均过量施肥程度

合理施用氮肥是当今世界作物生产中获得较高目标产量的关键措施。对某个地区的某种作物（区域尺度）或具体农户田块（田块尺度）来说，合理施用氮肥主要应包括施肥量、施肥时期、施肥方法和肥料品种，还应包括与灌溉、耕作、品种等其他农艺措施的配合。合理施肥措施主要受区域内土壤状况、气候条件、作物特征（包括不同作物和同一作物不同品种）和其他生产条件（如灌溉等）的影响。根据区域内施肥田块变异程度确定合适尺度上氮肥用量，如美国的精准施肥或变量施肥概念和措施。这些看似简单的道理，或者说在理论、科研层次上已基本解决的问题，在我国生产实践中却成为一个持久的、重大的和难以解决的实际问题，并且直接影响到我国农产品生产和环境保护等重大问题。对于什么是合理施氮？如何合理施氮？在农户、推广部门甚至科技工作者层面都有不同认识，导致在生产实践中盲目施氮现象相当普遍。目前生产上的具体问题是如何确定某一地区、某种作物获得较高目标产量和品质指标的合理施氮量，如何在生产实践中实现合理施氮方法和施氮时期。

三、合理施用氮肥概念

合理施用氮肥主要包括四个方面，即施肥量、施肥时期、施肥方法和肥料品种（国际上称为"4R"技术，即 right amount，right time，right place，right type）。这四个方面不是孤立的，而是相互联系和影响的。如施肥量首先决定于目标产量，但又决定于施肥方法、时期和肥料品种。如果后三者不合理，导致施肥过程和施肥后大量氮素损失，氮素没有充分被作物吸收利用，为了获得较高目标产量，农户就要加大施氮量，以保证作物吸收足够氮素。如果后三者都趋于合理，那么施入的氮肥能够被作物充分吸收利用，就不需要增加额外氮肥。

1. 合理施氮量

确定合理施氮量是施肥的关键。合理施氮量始终决定于目标产量和目标籽粒蛋白质含量。在我国主要取决于目标产量，在西方国家小麦生产中，还要求一定的籽粒蛋白质含量，主要是出于烘烤面包需要，这时施氮量要稍高，应该在经济最佳施氮量之上，但一般不会超过最高产量施氮量。目标产量取决于某一时期某一地区的生产条件，主要包括土壤条件、气候条件、农艺管理措施（如品种、灌溉、耕作等）。在某个地区某种作物上，可以根据过去三年平均产量或当地能够获得的比较高的产量来确定。当然，如果要追求进一步把产量提高到更高台阶，那就需要改进生产条件和栽培管理措施，相应的施氮量也应该根据新设定的目标产量确定。西方发达国家一般把目标产量定义到经济最佳施氮量能够达到的水平上，从经济学角度，这时肥料的投入产出比最高，获得的经济效益也最大。我国因对农产品需求量大，一般将目标产量定义到最高产量施氮量能达到的水平上，最高产量施氮量比经济最佳施氮量要高，引起的氮肥损失会稍大，但环境代价还不是太大。如果超过了最高产量施氮量，不但对增产没有好处，氮肥损失却会显著增加。

如何确定田块尺度的合理施氮量？传统方法是利用田间肥料试验或土壤与植株测试，这两类方法在实际应用中都有较大缺陷。前者以田间试验及生物统计理论为基础，基于"投入-产出"关系，视土壤为"黑箱"，推荐量来源于前些年的试验结果，且不可能每块地上去做田间试验，没有解决"空间变异"问题。后者以土壤和植株测试为基础，其一是很难找到可靠的土壤有效氮测试指标，如在水田还没有找到满意的指标；尽管旱地根层贮存硝态氮可以反映土壤的供氮能力，但也存在诸多局限性，如硝态氮易移动、空间和时间变异大，从采样到分析结果可引起 N 30kg/hm^2 以上的误差，该误差足以掩盖田块之间施氮量的差异。

其二是将测试值转换为推荐量需要大量参数。两类方法的共同局限性还在于需要花费大量资金和时间进行田间试验和土壤与植物样品测试。由于我国田块小、数量大，测试工作量大；复种指数高、茬口紧，测试工作难以做到不误农时；测试设备不足，技术人员少。因此，即使土壤供氮能力的测试指标得以解决，也不能广泛采用测试路线。

在目前我国以小农户土地分散经营为主的情况下，朱兆良院士提出区域平均适宜施氮量概念和做法，该方法能将绝大多数地块施氮量控制在合理范围。在目前产量水平下，华北平原和长江中下游平原水稻、小麦和玉米的平均适宜施氮量（N）分别为 190～200kg/hm^2、150～180kg/hm^2 和 170～190kg/hm^2。对上述三大粮食作物，以上考虑就可以在获得较高目标产量的同时，把环境污染降到最低限度。在蔬菜、果树、茶树等经济作物生产中，除要求有较高目标产量外，还对产品的品质有一定要求。合理施氮量确定必须达到所要求的品质指标，才能获得较好经济效益。但一般来说，这些经济作物合理施氮量也在最高产量施氮量范围内。因为对品质指标的要求，往往使施氮量低于最高产量施氮量。

在以上分析中，没有考虑经过一季作物种植后，土壤氮素的变化情况。在长期耕作田块，应该维持土壤氮素基本平衡。如果施氮不足导致土壤氮肥力下降，则后季需要补充土壤消耗的氮素，而且很难实现持续稳定和较高的目标产量。如果施氮过量，则会导致土壤氮素累积和随后大量损失。因此，在长期耕作田块，合理施氮量应该是在获得目标产量的同时，维持土壤氮素平衡。根据对肥料氮、土壤氮、作物吸氮三者关系大量研究的结果，在秸秆还田条件下，禾谷类作物的合理施氮量大致相当于作物地上部的氮素携出量。可以根据这个规律和以往本地区试验参数，很方便确定出获得一定目标产量时的合理施氮量。该方法花费最少、简便易行，值得大面积推广。

另外，化学氮肥合理施用还决定于有机肥施用和秸秆还田状况，以维持土壤作物体系中氮素投入和输出大致平衡。所以在决定化学氮肥施用量的同时，也应考虑有机肥和秸秆带入氮量，从总需氮量中扣除有机肥供氮量。这就是世界上普遍采用的平衡计算法确定作物氮肥施用量的基本原理。目前，果树和蔬菜过量施用氮肥的原因大多数就是没有考虑有机肥的供氮量。例如，在蔬菜生产中，有机肥带入的氮量（N）可以达到每季 $500\sim1\,000kg/hm^2$，相当于化肥氮施用量，但农户在确定化肥氮施用量时，往往忽略了这部分氮素。

2. 合理施肥方法和时期

根据目标产量和维持土壤氮素平衡确定了合理施氮量后，施肥方法和施肥时期就成为这些氮肥是否能被作物吸收利用的关键。关于施肥方法和施肥时期的问题，在科学上已经有较清楚的认识，如深施氮肥可以显著降低氨挥发损失，氮素应在作物营养生长旺盛期、营养生长与生殖生长转换期得到合理供应，也就是作物生理上的"最大效率期"和"生理敏感期"。我国许多农户普遍采用的撒施氮肥，或撒施后灌水，导致肥料氮不能入土的施肥方式，是氮肥大量损失的主要原因。如在我国目前大面积生产中，小麦（产量水平在 $5.5\sim7.5t/hm^2$）、玉米（$6.5\sim9.5t/hm^2$）、水稻（$6.5\sim8.5t/hm^2$）的合理施氮量（N）最大范围为 $150\sim250kg/hm^2$，但我国许多田块氮肥（N）施用量达到了 $250\sim350kg/hm^2$，实际上，在施肥过程和施肥后，已经有 $100kg/hm^2$ 左右的氮素发生了损失，起作用的还是 $150\sim200kg/hm^2$。可以看出，由于施肥方法的粗放，导致农户为了使损失后的氮肥供应能够达到满足较高目标产量的氮素需求，不得不施入过量的氮肥。随着耕地规模化经营、规范化生产和机械化施肥的普及应用，施肥方法导致的损失会降低，就可以把这部分氮肥从传统施氮量中减下来。人工表面撒施肥料不仅会造成严重的氨挥发损失，而且在施氮量上难以控制，经常撒多，况且也很难撒匀。这是我国目前肥料施用过量、损失严重的直接原因。所以，要控制施氮量，减少氮肥损失，机械化均匀施肥是必由之路。机械化施肥既可以做到氮肥深施，也可以很好地控制施用量。在目前土地分散经营的情况下，应该推广小型简单的机械实施氮肥深施。

3. 氮肥施用的主要问题

由于我国科学普及水平较低，这一看似简单的问题，在生产实践中变得极其复杂。手工撒施氮肥或撒施后灌水仍是我国小农户土地分散经营的主要施肥方式，"一炮轰"施肥也相当普遍，导致大量的氮素损失。这些看似施肥技术方面的问题，实际背后隐藏着复杂的社会经济问题，如单个农户土地分散经营、土地规模小，农户不计较肥料投入成本和粮食收入；农业生产比较经济效益低，农业收入在家庭收入中不如外出务工高；省时省工，不愿意投入劳力；缺乏适当的施肥机械，担心追肥成本高等。未来土地规模化经营有望解决上述主要问题。当今西方发达国家在每个田块上未必都实现了合理施氮，但对氮肥用量控制是严格的，主要出于对环境问题的考虑。浙江省率先提出了主要主粮作物和经济作物的化肥最高施用标准（见附件），为区域性农业的科学性施肥提供了经验。合理的施肥方法和施肥时期（如大面积机械化施肥或精准变量施肥），使施肥过程和施肥后的氮素损失降到很低，环境污染控制到最低限度，这得益于有关施肥技术在生产实践中的普及应用。

化肥是粮食的"粮食"，是提高中国主要粮食作物单产的重要途径之一。然而，我国农业生产中化肥过量施用问题严重，化肥过量施用在增加粮食生产成本的同时，还对粮食安全、土壤环境安全、水生态环境安全等造成现实威胁，直接影响农业产业、经济社会可持续发展和人类身体健康，影响农民增收。如何有效减少化肥施用以降低过量施肥程度，并能同时保持粮食生产数量和质量不受影响，已成为政府部门和学术界关注的重点和热点问题。因此，化肥减量的边界在哪里？如何减量？不同作物在不同土壤条件下化肥用量最佳的临界点在哪里？化肥减量的重点关注作物是什么？重点关注的区域是哪些？对这些问题进行深入细致研究并给出正确的解答，将直接关系到我国化肥减量任务能否顺利实现，关系到我国农业的可持续发展，甚至是国家的长治久安。

参考文献

[1] WARD，JOE H. Hierarchical Grouping to optimize an objective function [J]. Publications of the American Statistical Association，1963，58 (301)：236-244.

[2] TRAVIS，TONY. The Haber-Bosch process：exemplar of 20th century chemical industry [J]. Cover Story，1993 (15)：581 – 585.

[3] 谷保静，杨国福，罗卫东，等．中国工业氮通量快速增长的驱动力及其影响 [J]．中国科学：地球科学，2013 (3)：145-153.

[4] 张卫峰，马林，黄高强，等．中国氮肥发展、贡献和挑战 [J]．中国农业科学，2013，46 (15)：3161-3171.

[5] 吴海霞，图力古日，胡日查．从化学氮肥看中国近代肥料科技的发展 [J]．农业考古，2016 (6)：51-53.

[6] 鲁如坤，刘鸿翔，闻大中，等．我国典型地区农业生态系统养分循环和平衡研究 Ⅳ．农田养分平衡的评价方法和原则 [J]．土壤通报，1996 (5)：

241-242.

[7] 黄国勤，钱海燕，张桃林，等．施用化肥对农业生态环境的负面影响及对策［J］．生态环境学报，2004（4）：656-660.

[8] 朱兆良．农田中氮肥的损失与对策［J］．生态环境学报，2000，9（1）：1-6.

[9] 曾希柏，陈同斌，胡清秀，等．中国粮食生产潜力和化肥增产效率的区域分异［J］．地理学报，2002，57（5）：539-546.

[10] 丛殿峰．中国主要粮食作物肥料利用率现状与提高途径［J］．农民致富之友，2013（12）：88.

[11] 于飞，施卫明．近10年中国大陆主要粮食作物氮肥利用率分析［J］．土壤学报，2015，52（6）：1311-1324.

[12] 何浩然，张林秀，李强．农民施肥行为及农业面源污染研究［J］．农业技术经济，2006（6）：4-12.

[13] 史常亮，李赟，朱俊峰．劳动力转移、化肥过度使用与面源污染［J］．中国农业大学学报，2016，21（5）：169-180.

[14] 陈菲菲，张崇尚，罗玉峰，等．农户种植经验对技术效率的影响分析——来自我国4省玉米种植户的微观证据［J］．农业技术经济．2016，253（5）：14-23.

[15] 刘强，杨万江，孟华兵．农业生产性服务对我国粮食生产成本效率的影响分析——以水稻产业为例［J］．农业现代化研究，2017，38（1）：8-14.

[16] 刘文倩，费喜敏，王成军．化肥经济过量施用行为的影响因素研究［J］．生态与农村环境学报，2018，34（8）：726-732.

[17] 张林秀，罗仁福，刘承芳，等．中国农村社区公共物品投资的决定因素分析［J］．经济研究，2006（2）：156-156.

[18] 史常亮，郭焱，朱俊峰．中国粮食生产中化肥过量施用评价及影响因素研究［J］．农业现代化研究，2016，37（4）：671-679.

[19] 向平安．符合经济生态效益的农田化肥施用量［J］．应用生态学报，2006，1（11）：2059-2063.

[20] 杨万江，李琪．新型经营主体生产性服务对水稻生产技术效率的影响研究——基于12省1926户农户调研数据［J］．华中农业大学学报（社会科学版），2017（5）：12-19.

[21] 张卫峰，马文奇，王雁峰，等．基于CBEM模型的2010年农田化肥需

求预测 [J]. 植物营养与肥料学报，2008（3）：407-416.

[22] 仇焕广，栾昊，李瑾，等. 风险规避对农户化肥过量施用行为的影响 [J]. 中国农村经济，2014（3）：85-96.

[23] LUAN H，YANG J. Emission reduction and economic impacts of us carbon tariffs on china：based on cge model analysis [J]. Applied Mechanics & Materials，2013，291-294：1370-1374.

第二章　过量施氮导致的环境问题

人们对化肥的依赖性使用，尤其是大量氮肥的使用，导致了极大的环境污染问题[1]。在 20 世纪 50 年代，发达国家率先大量使用氮肥，例如在美国，由于过量使用氮肥，其地表水和地下水都受到了一定程度的污染，有报道称农业的氮源是美国地下水和地表水的硝酸盐污染的重要污染来源。到 20 世纪 70 年代，中国也开始大量使用氮肥，而目前中国已经是世界上使用化学氮肥最多的国家，而氮肥使用最大的问题是其利用效率不高，有 60%～70% 的氮会通过硝酸盐的淋滤以及淋溶进河流湖泊以及地下水或者发生挥发进入空气中以及反硝化而发生损失，进而对空气和水资源造成污染[2]。2004 年，在加拿大召开的环境与发展国际合作会议上，研究中国环境问题 30 多年的塞缪尔·亚当斯教授指出，由于氮肥施用过量、利用率过低，中国每年有超过 1 500 万 t 的氮流失到了农田之外，并引发了严重的环境问题：污染地下水；使湖泊、池塘、河流和浅海水域生态系统富营养化，导致水藻生长过盛、水体缺氧、水生生物死亡；施用的氮肥中约有一半挥发，以一氧化二氮气体（N_2O 是对全球气候变化产生影响的温室气体之一）形式散逸到空气里。此外，中国是世界上能源消费大国，石油、煤炭以及各种生物残留的氮化物大量燃烧后所产生的气体排入大气中。过量的氮肥造成了"从地下到空中"的三维立体式的污染，使得中国的环境问题极为突出。

一、过量施氮对土壤的影响

1. 造成土壤理化性质下降

土壤理化性质包括土壤物理性质和化学性质，它是土壤质量的重要组成。土壤理化性质不仅影响土壤保持和供应水肥的能力，对调控土壤气热状况以及水分入渗性能和地表径流的产生也有重要作用。长期过量单施氮肥可使土壤容重增加，田间持水量降低，破坏土壤结构的稳定性，容重增加，孔隙度降低，土壤水稳性结构破坏率提高，土壤微团聚体分散系数上升，从而使耕层土壤发僵，土体黏韧板滑，这不仅影响作物根系的生长，同时也改变水、气、热环境，牵制肥料-土壤-作物养分系统的平衡。

2. 造成土壤污染

现代氮素化学肥料在生产过程中会使用到含重金属元素的材料，而在化肥生产完成后，化肥中的重金属元素很难去除。化肥中的重金属元素随着化肥的施用进入土壤，引起土壤重金属污染，进入土壤后很难被农作物吸收或转化，从而造成土壤被重金属所污染。污染土壤的重金属主要有锌、镍、铜、钴和铬。因此，化学肥料的长期大量施用将会导致土壤中的重金属元素不断富集。一方面土壤中高浓度的重金属会影响作物的生长，导致作物减产、农产品质量下降；另一方面作物吸收土壤中的重金属，导致农产品重金属含量超标，最终重金属会在人体内积聚，危害人类身体健康。

3. 造成土壤中的养分失衡

部分农民不根据作物的需肥规律和土壤的供肥性能进行科学合理施肥，大部分盲目施肥，注重氮肥的投入，忽视钾肥及中微量元素的投入，造成土壤速效钾和其他中微量元素含量缺乏，常常造成钾素或中微量元素成为目前一些地区作物产量和品质提升的限制因子。

4. 造成土壤板结

目前我国耕地施用有机肥普遍不足，导致土壤环境一般属于缺碳状态。过量施用氮肥会加剧土壤中的缺碳状态。氮素作为微生物体细胞的合成元素之一，每消耗一份就要提供 25 份碳素，而碳素是由土壤有机质供给；其次有机质作为土壤微生物活动的物质基础和能量来源，氮肥的过量施入造成了有机质相对含量进一步降低从而影响微生物的活性，有机质相对含量降低的同时土壤中的胶结作用也在降低，从而影响土壤团粒结构的形成，导致土壤板结。土壤板结不仅破坏了土壤肥力结构，而且还降低了肥效。

5. 造成土壤酸化

过量施用氮肥导致作物吸收了大量的氮素，促进了铵离子的解离，而植物在吸收铵离子的同时，会向土壤中释放 H^+，从而导致土壤的 pH 降低，其最直接的表现就是土壤酸化，从 20 世纪 80 年代早期至今，中国土壤的 pH 平均下降了 $0.13 \sim 0.80$ 个单位[4]。原因主要是由于长期大量偏施铵态氮肥和过磷酸钙等酸性肥料以及氯化铵、氯化钾、硫酸钾等生理酸性肥料。张福锁表示，这种规模的 pH 下降"通常需要几十万年的时间"。我国土壤 pH 小于 5.5 的耕地面积已经从 30 年前 7% 上升至 18%；而在浙江省土壤酸化尤其严重，约有 40% 的长期定位监测点耕地土壤呈酸性和强酸性，其中旱地土壤有 62% 为酸性、强酸性。土壤酸化导致肥料利用效率低，植物生长不良、亚健康、死棵、缺素，线虫暴发等问题，严重影响了农产品的产量和品质，并威胁农业生产可持续性发展。

二、过量施氮对水质量的影响

1. 造成水中亚硝酸盐积累

我国在 20 世纪 70 年代开始大规模大量施用氮肥，到 80 年代末开始大量盈余，氮肥的过量施用产生了大量的硝酸盐，硝酸盐不容易被土壤固定，容易导致地下水硝酸盐污染和湖泊的富营养化[3]。多年以来，地下水以及地表水，特别是地下水中的 NO_3^- 浓度不断升高，引起人们的高度关注[5]。食物和饮用水中过量的硝酸盐会导致高铁血红蛋白血症〔血红蛋白分子的辅基血红素中的亚铁被氧化成三价铁，即成为高铁血红蛋白（MHb），同时失去带氧功能〕，胃和十二指肠能够还原硝酸盐，而较成年人，由于婴儿胃液分泌不足，婴儿摄入过高的硝酸盐后，其更容易积累。同时，婴儿的血红蛋白要比成年人的血红蛋白更容易被氧化，进而使得婴儿更容易引起体内亚硝酸盐超标中毒。进入人体的硝酸盐会反应生成亚硝酸盐，然后和酰胺、二级胺或者其他类似的氮氧化物发生反应，进而形成有致癌性和导致突变的亚硝基化合物（比如亚硝胺等）[6]。

癌症以及流行病学的调查发现，胃癌的发病率与从环境以及饮水和蔬菜中的硝酸盐的摄入量成正比[7]。世界卫生组织指定的饮用水安全水质标准规定硝酸盐浓度为 10mg/L。随着我国工农业的发展，农村地区的地下水和地表水中的硝酸盐的含量逐年上升，超标率逐年增加，这与过量的氮肥和化学品投入是密切相关的。在我国一些蔬菜生产发达地区，由于化肥的用量远远高于其他一般地区，其地下水中的硝酸盐含量严重超标，有的甚至高达 61.6～120.4mg/L。

2. 造成水体富营养化

水体富营养化指湖泊、水库和海湾等封闭、半封闭性水体及某些滞留河流（水流速度小于 1m/min）水体由于氮（N）和磷（P）等营养元素的富集，导致某些特征藻类（如蓝绿藻）和其他水生植物异常繁殖、异养微生物代谢频繁、水体透明度下降、溶解氧含量降低、水生生物大量死亡、水质恶化、水味发腥变臭，最终破坏湖泊生态系统。水体富营养化是当今世界面临的重大水环境问题之一。目前我国 66％以上的湖泊、水库处于富营养化的水平，其中重富营养和超富营养的占 22％，使得富营养化成为我国湖泊目前与今后相当长一段时期内的重大水环境问题。水体中营养盐的来源按进入途径可分为外源和内源。外源包括非点源和点源。非点源的营养盐主要来自农业活动，包括种植业、畜禽养殖业和水产养殖业。近年来的大量研究表明，种植过程中化肥和农药的过量使用是造成非点源氮、磷营养盐浓度升高的主要原因。农田径流中各种溶解态氮、磷营养盐直接影响了受纳水体的环境质量，并且作为农业非点源输出的最主要方式。内源主要来自底泥的释放作用。在对湖泊氮、磷平衡的研究中发现，氮、磷截留总量中除少部分溶解态进入水体，增加了水体的营养盐浓度以及被水生生物利用外，大部分氮、磷会以颗粒物吸附态的形式沉积于水底。当水体中氧气、pH和温度等环境条件发生变化时，会导致沉积物中氮、磷营养盐向上输送并释放于水体中，从而影响水体中营养盐的浓度，这也成为内源营养盐的主要来源。

国外的湖泊污染资料表明，湖泊污染负荷的 50％来自流域内非点源污染，城郊湖泊污染负荷的 50％以上来自于农村非点源污染。在太湖外源氮污染中，农业面源污染占的比重最大，达 56％；其次是生活污水（＜25.1％）和养殖污水（17.2％～26.5％）。人工合成肥料（化肥）的过量使用是农业营养盐产生量增加以及农业面源污染最直接的原因。在 20 世纪 70 年代至 80 年代初期，太湖流域有机肥与化肥的使用比例为 6：4，但到 80 年代后期及 90 年代中期，这一比例分别降低到 3：7 及 1：9，以无锡为例，化肥投入对水稻、小麦产出增长的贡献额分别达 10.3％和 34.9％，每年化肥使用量已由 80 年代中后期的 $25kg/hm^2$ 增加到 2000 年的 $45kg/hm^2$，仅水稻田 12％～17％的氮素会随径流流失。据统计，每年太湖上游面源污染输入太湖的总氮量为 7 632t，其中来自农业面源的为 4 289t，占面源污染量的 56.20％，太湖流域地表水中的主要污染物为铵态氮，其中 57％的铵态氮都来自农业面源污染。巢湖流域农业非点源污染也十分严重，造成该区农业非点源污染的主要原因在于：氮、磷化肥施用量在农业施肥结构中所占比重过大，水产养殖饵料投放无序且在水体中残留较多，人畜粪便以及生活污水的直接排放，农村生活垃圾的露天堆放等。受该区气候、地形、土壤、植被以及人类活动的影响，这些农业非点源污染物以多种形式汇入湖区并对整个水体富营养化进程起到了加速的作用。

三、过量施氮对大气环境的影响

氮素在土壤中经过不同种类微生物的转化能够转变成不同种含氮的物质排放到空气中，如 NO、NO_2 和 NH_3 等气体，这些物质几乎都会造成温室效应，并且释放到空气中的氮和氮氧化物会产生反硝化作用，N_2O 在水中很难溶解，能够与大气平流层中的臭氧发生化学反应，进而就能够得到 NO，从而破坏臭氧层。每年从化肥生产和 N_2O 的迁移过程中排放到大气中氮高达 $8.4×10^6t$，并且以 0.2％的年均增长率不断增长[8]。过去 30 年中，我国经挥发所排放的氮已经由 1980 年 600 万 t 增加到 2010 年的 1 370 万 t，这部分活性氮是大气颗粒物最重要的底物，并以干湿沉降的形式返回到陆地表面[9]。刘学军通过大气氮沉降的监测数据表明，目前在中国人口相对密集和农业集约化程度较高的中东部地区，其氮的沉降量已经高于北美地区，与欧洲西部 20 世纪 80 年代氮沉降高峰时的数量相当，而农业方面排放的铵态氮占总沉降量的 2/3 左右[9]。有研究表明，氮肥的施用会显著增加水稻田中甲烷的产生速率，进而会增加对臭氧层的伤害。温室效应增强导致气候转变，全球变暖。目前全球平均温度比 1 000 年前上升了 0.3～0.6℃。而在此前一万年间，地球的平均温度变化不超过 2℃。联合国机构还预测，到 2050 年，全球平均气温将上升 1.5～4.5℃。温室效应增强还导致海平面升高，假若"全球变暖"正在发生，有两种过程会导致海平面升高：第一种是海水受热膨胀令海平面上升；第二种是冰川和南极洲上的冰块溶解使海洋水分增加。最新预测研究结果显示，到 2100 年，地球的平均海平面上升幅度介于 0.15～0.95m。海水将淹没农田，盐水入侵将污染淡水资源，海平面上升将使洪泛和风暴潮灾害增多，改变海岸线和海岸生态系统，直接威胁沿海地区以及广大岛屿国家人民的生存环境及社会经济发展。由于气温持续升高，北温带和南温带气候区将向两极扩展，气候的变化必然导致物种迁移。许多物种似乎不能以高的迁移速度跟上现今气候的迅速变化。所以，许多分布局限或扩散能力差的物种在迁移过程中无疑会走向灭绝。因此，我们应制定出一系列行之有效的措施来改变或阻止这种情况的发生，应提倡人们进行合理施肥，施肥量得当，提高化肥的使用率，同时还应该减少农业渗漏水和径流排放量。

参考文献

[1] 李杰. 施肥对环境的影响及对策 [C] // 云南省"粮食高产创建"省农科院"八百双倍增工程"科技培训暨云南农业科技论坛论文集，2009：67-68.

[2] 黄国勤，钱海燕，张桃林，等. 施用化肥对农业生态环境的负面影响及对策 [J]. 生态环境学报，2004（4）：656-660.

［3］何浩然，张林秀，李强．农民施肥行为及农业面源污染研究［J］．农业技术经济，2006（6）：4-12.

［4］GUO J H, LIU X J, ZHANG Y, et al. Significant Acidification in Major Chinese Croplands［J］. Science，2010，327（5968）：1008-1010.

［5］郭胜利，吴金水，郝明德，等．长期施肥对 NO_3^--N 深层积累和土壤剖面中水分分布的影响［J］．应用生态学报，2003，14（1）：75-78.

［6］朱济成．关于地下水硝酸盐污染原因的探讨［J］．北京地质，1995（2）：20-26.

［7］李智文，张乐，王丽娜．硝酸盐、亚硝酸盐及 N-亚硝基化合物与人类先天畸形［J］．环境与健康杂志，2005，22（6）：491-493.

［8］焦燕，黄耀，宗良纲，等．氮肥水平对不同土壤 N_2O 排放的影响［C］．中国气象学会年会论文集，2008.

［9］刘学军，张福锁．环境养分及其在生态系统养分资源管理中的作用——以大气氮沉降为例［J］．干旱区研究，2009，26（3）：306-311.

第三章 过量施氮对土壤微生物群落多样性的影响

土壤微生物,顾名思义,就是土壤中一切肉眼看不见或看不清楚的微小生物的总称,通常意义上应当包括古细菌、细菌、真菌、病毒、原生动物和显微藻类等[1]。土壤微生物多样性可以分为物种多样性、遗传多样性、生态多样性和功能多样性4个方面:①物种多样性。研究发现,1g土壤中含有高达5 000亿个细菌、约100亿个放线菌、近10亿个真菌,土壤原生动物也可达5亿个,有65个不同的细菌种群。由此可见土壤微生物的数量之多,物种之丰富。②遗传多样性。生物多样性源于遗传的多样性。遗传多样性可用来描述种群遗传变异和研究维持变异的机制。遗传变异可以在分子、细胞和形态三个水平上体现。微生物遗传多样性,其在分子水平上的体现主要是由于遗传物质的碱基排列顺序的多样性和组成核酸分子的碱基数量的巨大性。DNA复制中出现的碱基或碱基对变化,双链DNA、单链DNA、双链RNA和单链RNA等多种遗传信息的存在,转导、转化和接合及准性生殖等微生物特有的基因重组现象,使微生物遗传的多样性大大扩展,也为微生物遗传变异、系统进化提供了多样化手段。③生态多样性。土壤微生物生态类型多样性是指不同类型生态系统中土壤微生物组成上的差异。生态系统由植物群落、动物群落、微生物群落及其生境的非生命因子(光、空气、水、土壤等)所组成。群落内部、群落之间以及与生境之间存在着复杂的相互关系。土壤微生物多样性则表现为远到高寒极地、高山冻原、悬崖峭壁、火山岩,近到森林、沙漠、草原、农田和牧场等各种生态系统的多样性等。④功能多样性。土壤微生物在农业与环境中的功能与其代谢功能多样性息息相关。根据碳源和能源的来源，可以将微生物分为光能自养型（无机营养性）、光能异养型（有机营养性）、化能自养型和化能异养型。由于土壤微生物与生物环境之间存在着竞争、互生、共生、寄生、捕食和拮抗等关系，使其在整个生态系统中成为连通地上生态系统与地下生态系统的枢纽。

一、土壤微生物多样性的功能

在陆地生态系统中，土壤微生物担负着生态系统平衡的"稳定器"，环境污染的"净化器"，土壤养分有效化的"转化器"和碳、氮、磷、硫循环的"调节器"等功能[2]。而从微生物的特点与环境之间的关系来说，其功能主要集中在两方面：一方面，微生物的个体小、数量大、种类多、代谢功能多样化、特异性强等特点，使土壤微生物对土壤生态系统及陆地生态系统的平衡起着决定作用。另一方面，由于微生物生命周期短、繁殖快、易变异、分布广等特点，能够充分表现出对环境的作用，能很好地适应和修饰环境，可用于检测、保护、净化及修复被污染和破坏的环境，是评价土壤健康的重要指标。因此，充分利用并发掘现有和新建微生物资源，有助于解决资源匮乏、能源短缺等问题，促进生态系统良性循环，为农业可持续发展及环境污染问题提供生态学理论基础、方法和技术。土壤微生物多样性的功能，就农业及环境两方面而言，主要有以下几点。

1. 土壤质量评价功能

微生物对土壤肥力的作用举足轻重[3]。一方面，微生物分解有机物质形成腐殖质并释放养分；另一方面，同化土壤碳素和固定无机营养元素。土壤微生物对于系统中养分循环和植物有效性主要有两方面的作用：其一，微生物自身含有一定数量的碳、氮、磷和硫，可看成是一个有效养分的储备库；其二，土壤微生物通过其新陈代谢推动这些元素的转化和流通。土壤有机质和全氮含量一直以来都是作为土壤肥力评价的重要指标。但大量的研究表明，土壤微生物包含的养分可能比土壤有机质或全氮更丰富。另外，由土壤微生物生命活动产生的土壤酶，不仅在土壤物质和能量转化过程中起主要的催化作用，而且促进土壤有机质和有机残体的生物化学转化，从而使生态系统的各组分间实现功能上的联系，保持土壤生物化学的相对稳定状态[4]。近年来，很多学者研究了土壤酶活性与土壤肥力间的关系，认为酶的活性也可以作为衡量土壤肥力的指标[4]。随着对土壤微生物研究技术的发展和对土壤微生物多样性研究的深入，目前，很多学者都将微生物多样性作为土壤质量评估的有效指标。

2. 农作物生长

从物理角度讲，土壤微生物由于其数量多、密度大，能在植物根系周围形成一个物理屏障。所以，在根际微生态环境中，构成一个相对稳定的微生态环境，在保护植物根系、提供营养物质、减少病原菌和虫害入侵等方面具有重要作用[5]。从化学角度讲，土壤生物所参与的氮、磷和其他元素的循环将有机质转化为植物所需的养分，进入植物新的组织。土壤微生物还能促使根系周围的有机质形成腐殖酸，促进植物生长发育。微生物死亡后，从细胞中释放出来原生质构成腐殖质化合物重要组成部分，既能改良土壤，又能刺激作物生长。从生物角度讲，土壤微生物通过自身繁殖促进食菌性土壤动物的生长，与土壤中腐生性无脊椎动物蚯蚓、蚂蚁、蜗牛等共同促进土壤通透性增大、团粒结构形成。总之，土壤微生物与周围环境共同作用，稳定了土壤生态系统。

3. 微生物肥料

微生物肥料是由一种或数种有益微生物、培养基质和添加物等制成的生物性肥料。肥料中微生物的某些代谢过程或代谢产物可以促进土壤中营养物质的转化，或含有刺激物质提高作物的生长，或抑制植物病原菌的活动，从而提高土壤肥力并减少作物病虫害。微生物肥料具有低投入、高产出、高质量、高效益、无污染、原料充足、制作技术简单以及容易推广等优点，非常符合现代生态农业的可持续发展的方向。随着社会对环境保护的日益重视，随着现代生态农业、绿色农业、有机农业的蓬勃发展，微生物肥料在农业生产中将发挥出其应有的经济效益和生态效益。

4. 农药等有机物质的生物修复

农药、化肥等农用化学品的广泛使用，以及工矿企业"三废"的大量排放，导致进入土壤的有机污染物数量和种类日益增多。由于有机污染物能影响各种生物的生存和繁殖，干扰生态系统的功能和稳定性，严重污染环境并危害人类健康，现已成为人们十分关注的热点问题。而土壤微生物对于进入土壤的各种有害物质可以进行原位、异位修复，对污染土壤的修复有一定的作用。

5. 重金属的生物转化

Furukawa 等从土壤中分离到的假单胞菌 K-62，能分解无机汞和有机汞而形成单质汞[6]。Bargagli 等在汞矿附近土壤中分离得到许多真菌，其中一些菌根真菌和腐殖质分解菌能积累汞达到 $100\mu g/g$[7]。可见，微生物通过对重金属进行生物转化或生物积累，从而修复重金属污染的土壤。

6. 温室效应

土壤生态系统既是温室气体的源和汇，又是大气 CO_2、CH_4 等温室气体的转化器，而这些温室气体的转换过程与土壤微生物的数量、多样性和活性密切相关。另外，土壤微生物生态多样性特征的变化还可作为评价大气成分、紫外线辐射等因素变化的重要指标。Campbell 等曾采样极地土壤，比较大气 CO_2 浓度和紫外线辐射对土壤微生物群落的影响。试验表明，土壤微生物生物量对 CO_2 浓度和紫外线反应很敏感[8]。

二、影响土壤微生物多样性的因素

土壤作为土壤微生物的生存场所，其理化性质形成的非自然因素都将影响微生物多样性。微生物作为生态系统的一分子，都将与各种环境条件与土壤生物相互作用。除此之外，农作物种植制度、人类的各种农事操作活动也会影响微生物的多样性。

1. 土壤理化性质

（1）土壤颗粒大小　在不同颗粒等级的土壤中，其土壤微生物差异很大。小颗粒的土壤不仅能够减少土壤微生物被土壤动物捕食的机会，还能增加微生物获得营养的机会，以此增加土壤微生物环境的多样性，如小颗粒的土壤可以降低氧气浓度为厌氧菌提供生长条件。相反，在较大颗粒的土壤中真菌数量相对增加。

（2）土壤水分　土壤的水分和土壤孔隙中的氧气极大影响了相关土壤中微生物的活性。对美国新墨西哥州北部沙漠牧场的研究表明，夏季微生物多样性最高，干旱地区比对照要低。Joshua 等研究了桦树凋落物分解过程中湿度对微生物活性和群落结构的影响，发现长时间干燥导致微生物呼吸和生物量降低，微生物群落结构变化，特别是潮湿和干燥的时间长度对土壤微生物影响很大[9]。

（3）土壤温度　土壤温度变化也会导致土壤中微生物群落结构及其活性发生改变，某些微生物群落成员在较高的温度时，有能力代谢那些在较低温度时不能被利用的基质。周才平和欧阳华研究发现温度和水分对土壤微生物多样性的影响存在交互性，即协同效应。因此，可以用季节的变化对土壤微生物的影响来说明温度和水分对微生物多样性和活性的影响。对高山冻土土壤细菌群落的研究结果也表明，细菌群落结构组成具有季节性变化规律[10]。

（4）土壤 C、N 元素　土壤微生物群落结构受土壤 C 元素影响比较大，随着土壤中可利用 C 含量的减少，土壤微生物数量降低，微生物群落结构改变。不同土壤微生物利用 N 源能力也不同，因此土壤中 N 源的多少和种类也将影响土壤微生物的群落结构。土壤中可被土壤微生物利用营养的碳氮比（C/N）是表征土壤微生物生长是受 C 限制还是受 N 限制的重要指标，影响土壤微生物的群落结构。当 C/N 等于或大于 30：1 时，土壤微生物生长受到 N 源限制；当 C/N 等于或小于 20：1 时，土壤微生物的生长受到 C 源限制。一般，C/N 在 25：1 时对土壤微生物生长最有利，也有利于维持土壤微生物在自然生态系统中的正常功能。

（5）土壤 pH 因素　土壤 pH 对于土壤中的微生物群落结构的影响是相当复杂的，因为 pH 对于微生物对营养的利用、微生物吸附、胞外酶的产生和分泌都会产生不同的影响。不同微生物适宜生长的 pH 也有差别。土壤酸碱度对微生物数量影响显著，真菌在酸性土壤中多，细菌和放线菌在中性或碱性土壤中数量较多。

2. 生物因素

（1）土壤微生物间相互作用　土壤微生物之间存在复杂的关系，包括共生、互生、捕食关系等。土壤微生物之间相互作用维持着整个土壤生态系统内土壤微生物群落结构的稳定。土壤微生物之间更多的是半共生关系，即"一种生态依赖关系，一种生物体改变周围的环境，为其后来的另一种生物体的生长创造条件"。

（2）土壤动物多样性　土壤动物如蚯蚓、线虫、蝼蛄等对土壤有粉碎、搅拌、混合作用，通过改变土壤结构进而影响了土壤微生物的生活环境。土壤动物的选择性捕食作用影响了土壤中的食物链和营养成分。在地表或干燥条件下，风和水对孢子的散布作用相对少时，土壤动物对土壤微生物体或孢子的散布有着重要作用。土壤动物主要通过体表、口腔和粪便等途径对其进行传播。

（3）植物多样性　植物多样性的功能一方面是植物为土壤微生物提供营养物质，另一方面植物多样性影响整个生态系统的过程，进而间接地影响土壤微生物的群落结构。James 研究指出，从微生物群落多样性的全球格局来看，植物群落类型初步决定了微生物群落的组成，土壤微生物群落多样性与覆盖于土壤上的植物群落多样性呈正相关关系；从微生物群落多样性的区域格局来看，土壤微生物群落多样性与覆盖于土壤上的植物群落的生产力和多样性呈正相关关系，随着植物群落存在的年限而增加。转基因作物对土壤微生物多样性的影响，可能由于外源基因的引入，使植物体内在的化学特性发生了改变，从而使植物分解加快，促使土壤微生物数量增加，土壤微生物群落结构发生变化。

3. 不同土壤经营措施

（1）耕作方式　在农业和林业经营上有复种、间作、轮作和套作等不同的种植模式。因为不同的植被其凋落物、根系分泌物等进入土壤可以被土壤微生物利用的食物资源不同，而且地上植被能影响土壤温度、湿度等环境因素，从而对微生物结构产生不同的影响。有较多的报道认为，免耕土壤中微生物生物量和细菌功能多样性高于传统耕作土壤；轮作比采用单一栽培的保护性耕作更有利于维持土壤微生物的多样性及活性，并可抑制在单一栽培系统中易繁衍的有害微生物及提高农作物产量。

（2）土地利用方式　对6种土地利用方式下的土壤微生物数量与肥力关系的研究发现，从多样性指数来看，粮作旱地＞菜地＞果园＞荒地＞水稻田＞鱼塘底泥[11]。有研究表明，草地和人工林的遗传多样性相近，而草地和人工林土壤与农田土壤细菌的遗传多样性区别较大；多草小区有丰富的微生物群落，且土壤环境稳定；植物根系能为微生物栖息提供更好的场所，其分泌物为微生物提供丰富的可利用资源，有利于微生物生长，并反过来促进植物自身的发展[12]。

（3）化肥、农药等农用化学品的施用　农药等杀虫剂作为一种外施进入土壤生态系统的物质，它和土壤中其他物质一样能被土壤中的微生物或其分泌的酶降解，从而刺激或抑制了土壤中微生物的活性，引起土壤微生物群落结构的改变。施用肥料除了直接影响土壤化学成分变化，引起土壤微生物活性、土壤微生物群落结构改变外，还能改变土壤的物理性状，影响地上植被的生长，从而间接地影响土壤微生物群落结构。

综上所述，土壤微生物由于其数量多、密度大，能在植物根系周围形成一个物理屏障。所以，在根际微生态环境中构成一个相对稳定的微生态环境，对保护植物根系、提供营养物质、减少病原菌和虫害入侵具有重要作用。土壤生物所参与的氮、磷和其他元素的循环将有机质转化为植物所需的养分，进入植物新的组织。土壤微生物还能促使根系周围的有机质形成腐殖酸，促进植物生长发育。微生物死亡后，从细胞中释放出来原生质构成腐殖质化合物重要组成部分，既能改良土壤，又能刺激作物生长。从生物角度讲，土壤微生物通过自身繁殖促进食菌性土壤动物的生长，与土壤中腐生性无脊椎动物蚯蚓、蚂蚁、蜗牛等共同促进土壤通透性增大、团粒结构形成。总之，土壤微生物与周围环境共同作用，稳定了农业生态系统。而肥料在过量施入土壤后，特别在集中施用时（条施、穴施、带施等）都会在肥料和肥粒附近造成一个特殊的环境，其肥料浓度数倍或十几倍于整个土体，会引起一系列特殊的物理、化学、物理化学和生物学的反应。并且，该微域内施肥可能造成盐分异常升高、离子浓度增加、pH改变、土壤离子交换过程改变、土壤养分固液相平衡变化等作用，会显著影响土壤微生物群落。

参考文献

［1］张薇，魏海雷，高洪文，等．土壤微生物多样性及其环境影响因子研究进展［J］．生态学杂志，2005（1）：48-52.

［2］周丽霞，丁明懋．土壤微生物学特性对土壤健康的指示作用［J］．生物多样性，2007，2（2）：162-171.

［3］李秀英，赵秉强，李絮花，等．不同施肥制度对土壤微生物的影响及其与土壤肥力的关系［J］．中国农业科学，2005，38（8）：1591-1599.

［4］赵秉强，等．长期施肥对土壤微生物量及土壤酶活性的影响［J］．植物生态学报，2008，32（1）．

［5］吴建峰，林先贵．土壤微生物在促进植物生长方面的作用［J］．土壤，2003（1）：18-21.

［6］FURUKAWA K，TONOMURA K. Cytochrome c involved in the reductive decomposition of organic mercurials. Purification of cytochrome c-I from mercury-resistant Pseudomonas and reactivity of cytochromes c from various kinds of bacteria［J］. BBA - Bioenergetics，1973，325（3）：413-423.

［7］BARGAGLI R. Atmospheric chemistry of mercury in Antarctica and the role of cryptogams to assess deposition patterns in coastal ice-free areas［J］. Chemosphere，2016，163：202-208.

［8］MARK L，CAMPBELL. Temperature dependent rate constants for the reactions of gas phase lanthanides with CO_2［J］. Physical Chemistry Chemical Physics，1999，1（16）：3731-3735.

［9］CLEIN J S，SCHIMEL J P. Reduction in microbial activity in Birch litter due to drying and rewetting event［J］. Soil Biology & Biochemistry，1994，26（3）：403-406.

［10］周才平，欧阳华．温度和湿度对暖温带落叶阔叶林土壤氮矿化的影响
　　　［J］．植物生态学报，2001（2）：204-209.

［11］章家恩，刘文高，胡刚．不同土地利用方式下土壤微生物数量与土壤肥
　　　力的关系［J］．生态环境学报，2002，11（2）：140-143.

［12］王利兵．多伦县两种草地人工林的生态学研究［D］．呼和浩特：内蒙古
　　　农业大学，2007.

第四章　过量施氮对作物病虫害
　　　　 发生及农药使用的影响

　　我国是粮食生产大国，近年来农药化肥用量快速增加，对粮食的生产起到了重要的作用，但是过量使用肥料和农药也降低了农产品品质及其竞争力，并且引发了多种环境问题[1,2]，因此，农作物减肥减药成为重大战略选择。在漫长的农业发展过程中，农药已经成为农业生产中不可或缺的生产资料。化学农药对农作物增产有着不可磨灭的贡献，据联合国粮食及农业组织估计，如果停止使用农药，全球粮食产量将下降 25%～30%，蔬菜产量下降 40%～50%，水果产量将下降 35% 以上，糖料作物产量下降 40%[3]。但是，农药的发明和使用，在给人类带来巨大经济利益的同时，由于农药品种和用量的不断增加，农药在食品和环境中的残留问题也越来越引起关注。

　　1962 年美国的 Rachel Carson 女士在她编写的 *Silent Spring* 一书中提到，不加控制和不加检验地使用化学农药将会危害甚至杀死动物，甚至人类[4]。她唤起了人们对农药残留的重视。20 世纪 70 年代开始世界各国相继停用高残留的 DDT、六六六等有机氯农药。1996 年 3 月两个美国科学家 Theo Colburn，John Peterson Myers 和科学记者 Dianne Dumanoski 联合出版了 *Our stolen future：Are we threatening our fertility，intelligence and survival*？向人们介绍了杀虫剂作为"荷尔蒙杀手"的危害。这些杀虫剂不但残留在食物里，而且渗入地下水，还常常混进饮用水里。另外，诸如动物脂肪、牛油、奶酪和鱼类，以及用于加工、包装、储存、烹调食物的塑料器具，都是"荷尔蒙杀手"栖身的好地方。它们通过食物链进入人体，专门破坏激素系统，造成人类生育繁衍的危机，甚至使人类有灭绝的危机[5]。

一、我国农药使用现状

根据世界粮食及农业组织的统计数据，2018 年中国的农药总用量远高于世界主要发达国家，分别是美国的 4.34 倍、英国的 92 倍、法国的 20.8 倍、荷兰的 190 倍、日本的 33.8 倍（表 4-1）。农药用量变化的原因大体可以分为直接原因和间接原因。直接原因主要是病虫害发生程度，这取决于品种、栽培措施、水肥管理等，在高肥多水高密度栽培的条件下，病虫害往往容易高发，为了减少农作物产量损失必须增加农药的用量；而间接原因涉及诸多方面，有经济的、市场的、法律的、技术的、政策的、伦理的和使用习惯等原因。在经济方面，农药生产和销售产业中存在着巨大的经济利益，包括农药工业生产的利润、政府的税收、经销部门和规模不等的农药商店的经济利润。正是这些利润支撑着强大的农药工业和庞大的销售体系。从市场方面，市场主导生产，农药消费市场如果在整体上没有明确的绿色安全需求，就不可能对农业生产的农药使用形成导向压力。到目前为止，大多数终端消费者对于农产品的有机、绿色、无公害等食品还没有明确的要求，甚至很多还不知道这三者的区别（有机食品在生产加工过程中禁止使用人工合成的农药、化肥等农用物质；绿色及无公害食品则可以有限度地使用这些物质，因此有机食品的生产要比其他食品难得多，需要建立全新的生产和监控体系，采用相应的病虫害防治、地力保持、种子培育和产品加工储存等替代技术；无公害农产品是按照相应生产技术标准生产的、符合国家食品安全卫生标准并经有关部门认定的安全农产品。严格来讲，无公害是农产品安全的最低要求，上市农产品必须达到这一要求）。

2018 年，我国主要农作物病虫害总体发生平稳。全国发生面积 2.89 亿 hm²，比 2017 年减少 8.3%；防治面积 3.84 亿 hm²，同比减少 6.6%。其中，小麦赤霉病在长江中下游、江淮、黄淮南部等麦区偏重流行。玉米螟、棉铃虫、二化螟、马铃薯晚疫病在部分地区重发；稻飞虱、黏虫、飞蝗、草地螟等在局部地区高密度点片发生，草地螟进入又一个发生周期。小麦、玉米茎基腐病等土传病害发生范围进一步扩大。在水稻重大病虫中稻飞虱是水稻上重要的迁飞性害虫，2001—2018 年年均发生面积 2 446 万 hm^2。2012 年以来，经有效治理，稻飞虱发生总体趋于平稳，年均发生面积 1 934 万 hm^2。稻纵卷叶螟也是水稻上重要的迁飞性害虫，2011 年以来，该虫发生总体趋于平稳，年均发生面积 1 516 万 hm^2。2001—2018 年，二化螟年均发生面积 1 479 万 hm^2。水稻纹枯病在 2001—2018 年年均发生面积 1 660 万 hm^2。稻瘟病在 2001—2018 年年均发生面积 456 万 hm^2。小麦中重大病虫害如小麦赤霉病，是典型的气候型流行性病害，2011—2018 年年均发生 543 万 hm^2，小麦抽穗扬花期降水是影响该病流行的关键因素。小麦条锈病经综合治理，近 10 年来该病发生比较平稳，年均发生面积 230 万 hm^2，但 2017 年受极端气候影响，该病在全国大部分麦区流行危害。穗期蚜虫是影响小麦产量形成的重要害虫，近年来在黄淮海大部分麦区呈偏重发生态势，2011—2018 年年均发生面积 1 593 万 hm^2，是小麦生产上最重要的害虫。玉米重大病虫如玉米螟，是玉米上常发的钻蛀性害虫，近年来平均发生面积 1 880 万 hm^2，在东北和西北北部等地有危害加重趋势；黏虫是一种迁飞性害虫，近 10 年平均发生面积 385 万 hm^2，2012 年三代黏虫在北方曾大面积发生；玉米大斑病近年来平均发生面积 450 万 hm^2，发生比较普遍，局部危害重。

农药过量使用给我国带来了许多食品安全问题。2006 年，河北省永年县因为使用国家明令禁用的剧毒农药 3911、甲胺磷、1605、对硫磷等给大蒜灌根，导致了农药残留的"毒大蒜"事件[6]；2010 年 4 月，青岛有 9 人食用韭菜中毒，当地质监部门查出 1 930kg 韭菜中有违禁农药的残留检出[7]。过量的残留杀虫剂能够导致消化乳膜发生炎症和形态病变，如帕金森综合征、癌症、心血管疾病和糖尿病等；对孕妇而言，过量的残留杀虫剂则会影响胎儿的发育，导致胎儿畸形的发病增多。近年来，随着人们健康意识的逐步加强和人民生活水平的提高，绿色农产品和有机农产品逐渐兴起，果蔬中的农药残留对人体健康和环境所造成的影响越来越受到政府和消费者的高度重视。另外，农药残留问题不仅影响消费者的食用安全，而且严重影响我国农产品的对外出口。例如作为世界最大的茶叶种植国、第二大生产国和第三大出口国，中国每年出口茶叶20万t左右，贸易金额约4亿美元，出口量占我国茶叶生产总量的1/3。近年来，随着茶叶进口国的卫生标准越来越严格，农药残留超标问题造成我国茶叶的出口受到严重影响。因此，政府和生产者必须不断提升检测能力，消除农药残留带来的危害，维护消费者权益，保护人类健康。

表4-1　中国和主要发达国家氮肥和农药使用现状

国家	年份	农药用量（t）	氮肥用量（t）
中国	2018	1 773 689	28 141 472
日本	2018	52 332	389 100
加拿大	2018	90 839	2 769 000
法国	2018	85 072	2 248 277
德国	2018	44 948	1 342 284
荷兰	2018	9 309	201 010
英国	2018	19 301	1 033 000
美国	2018	407 779	11 644 461

二、过量施氮对病虫害发生的负面影响

1. 过量施氮导致植物抵抗病虫害的能力下降

植物抵抗病虫害的能力与其营养水平的关系非常密切，无论是生物病原还是虫害都是通过营养与植物发生联系，而植物的营养水平高低取决于其体内的元素种类和配比，营养状态最佳的植物往往具有较强的抗病能力，相反，营养失衡的植物抗病能力较弱也容易吸引虫害。过量施用氮肥会增加病虫害的发生。过量施用氮肥常使细胞增长过长、细胞多汁、细胞壁薄、植物体柔软，容易受到病菌

侵袭，例如，过量施用氮肥可诱发大麦褐锈病、水稻褐斑病及小麦赤霉病等。近些年来，氮肥施用过量或偏晚，常造成稻株体内碳氮比降低，游离态氮和酰胺态氮增加，为病菌生长发育提供了良好的氮源。有研究发现，氮肥的过量施用被确认为诱发褐飞虱种群暴发的关键因素之一[8]。褐飞虱喜欢在施用氮肥的水稻植株上取食和产卵[9,10]，在高含氮量植株上的取食速率加快[9]、蜜露分泌增多[10,11]、口针刺探次数少[9,11]、若虫存活率高[10,12,13]、卵巢大和生殖力强[9,12,13]、种群暴发的频率高[14-16]。氮肥对褐飞虱种群生态适应性的影响还有一定的世代累积效应，长期连续取食含氮量高的稻株时褐飞虱的种群参数显著增加[12]。在过量施用氮肥的情况下，稻株的丰富营养提高了褐飞虱种群的生态适应性，若虫存活率和发育速度、成虫生长速率和生殖率以及卵的发育率和孵化率等均显著增加[12]，导致褐飞虱种群猖獗。但是，由于褐飞虱在含氮量高的稻株上取食时，个体增长快、取食速率加快，稻株无法满足高密度下高龄褐飞虱若虫的需要而导致枯死，形成"虱烧"。相反地，在低氮稻株上由于褐飞虱生长缓慢，加上若虫死亡率增加和若虫的取食量下降，最终导致稻株对褐飞虱的抗性增强[17]。

另外，氮肥过多，植株生长繁茂，过早封行封顶，植株间通风、透光性差，湿度高，为病菌的侵入和繁殖创造了良好的生态条件。氮肥施用偏晚，造成稻株贪青晚熟，生育期推迟，无效分蘖增多，助长了病菌蔓延。近年来，在水稻的研究中也发现氮肥是水稻病害发生的一个重要的诱导因素，水稻稻瘟病、纹枯病、稻曲病、白叶枯病、紫鞘病等多种病害的发生都会受到氮肥的影响。氮肥对稻飞虱、水稻螟虫、稻纵卷叶螟等虫害的发生也会起到促进作用。

2. 过量施氮导致天敌对害虫自然控制作用下降

在整个生态系统中，氮肥施用可能改善植食性昆虫的营养条件、减少植物的种类丰富度、增加常规作物的生物量、改变植物群落的组成成分，而这些植物群落对氮肥的反应可以影响其他食物链的结构。因此，氮肥的施用不但直接影响病虫害的发生，还会影响一些主要害虫的天敌种群的多样性。例如在水稻田中，黑肩绿盲蝽既能取食水稻汁液又能捕食害虫，但它嗜好捕食飞虱和叶蝉的卵及低龄若虫[15]，对褐飞虱卵和若虫的捕食量均与寄主植物的含氮量呈显著负相关。在高施氮量稻株上黑肩绿盲蝽种群对褐飞虱卵的瞬时发现率下降导致了功能反应的减弱。因此，黑肩绿盲蝽对褐飞虱自然控制作用的下降是稻田过量施用氮肥后褐飞虱种群增加的主要原因之一[18]。

氮肥的施用水平也会对一些病虫的寄生性天敌种群产生显著影响。褐飞虱的三种主要寄生蜂 *Gonatocerus* sp.，*Anagrus optabilis* 和 *A. flaveolus* 在施肥量较高的水稻田内的种群密度有所提高[19]。趋光性是寄生蜂的最主要生物学特性之一，但缨小蜂对不同的颜色的趋性有很大差异，黄色是其嗜好颜色，同时与颜色的色泽亮度有关[20]。植物的叶绿素是一种绿色色素，其浓度与植株的含氮量显著相关，因此不同的氮肥施用量引起叶绿素密度和叶片颜色的差异，会导致与缨小蜂吸引力有关的色泽亮度的差异，过量施用氮肥后稻株叶色嫩绿变暗使得寄生蜂趋性下降。比较不同氮肥水平稻田的寄生蜂数量发现，在低氮稻田的寄生蜂数量显著高于高氮水平的稻田。

张福锁等（2016）发现，与施氮合理和施氮不足相比，过量施氮可显著增加水稻病虫害发生率1.9倍，增加病情指数1.1倍，病虫害种类包括纹枯病、稻瘟病、二化螟、三化螟、稻纵卷叶螟、稻飞虱等；对安徽省的1 171个农户行为数据分析表明，在保持其他条件不变的前提下，每增加10kg/hm²的氮肥用量，农药用量需要增加0.2kg/hm²；东北和长江中下游的7个地点间试验表明，相对于农户常规的操作，减少施氮量30%的情况下用药量可降低50%，不仅没有引起病虫害的增加，而且也没有导致产量损失。因此，减少农药用量必须先减少氮肥用量。

因此，我国农业上肥料和农药的大量使用降低了农作物的竞争力和农产品品质，并且引发了多种环境问题，减肥减药成为重大战略选择。2015年2月，农业部出台《到2020年化肥使用量零增长行动方案》，确立"到2020年，盲目施肥和过量施肥现象基本得到遏制，主要农作物化肥使用量实现零增长"的目标任务。作为中国农业绿色发展先行省，浙江省近年来也推出了化肥农药使用建议，推行"农药化肥定额制"政策，是实现农业绿色发展的重要尝试和举措，对落实农业的高质量发展具有重要的里程碑式的意义。

参考文献

[1] 朱兆良，孙波，杨林章，等. 我国农业面源污染的控制政策和措施 [J]. 科技导报，2005（4）：48-52.

[2] 沈景文. 化肥农药和污灌对地下水的污染 [J]. 农业环境科学学报，1992（3）：137-139.

[3] 杨曙辉，宋天庆. 关于我国化学农药使用相关问题的理性思考 [J]. 农业科技管理，2007（1）：44-47.

[4] CARSON R. Silent Spring. Houghton Mifflin Company，1987，304（6）：704.

[5] O'BRIEN M. Our Stolen Future：Are we threatening our fertility, intelligence, and survival? —a scientific detective story [J]. Environment Science & Policy for Sustainable Development，1997，39（1）：26-26.

[6] 丁超，薛正标. 消除毒蒜影响 发展大蒜产业 [J]. 保鲜与加工，2005，5（6）：41-42.

[7] 游奔. "毒韭菜"再次敲响农产品安全警钟 [J]. 中华魂，2010（10）：35-35.

[8] DYCK V A，T HOMAS B. The brown plant hopper problem [C] // IRRI ed. Brown plant hopper：threat to rice production in Asia，1979：3-20.

[9] WANG M Q，WU R Z. Effects of nitrogen fertilizer on the resistance of rice varieties to brown planthopper [J]. Guangdong Agric. Sci.，1991（1）：25-27.

[10] CHENG C H. Effect of nitrogen application on the susceptibility in rice to brown planthopper attack [J]. Taiwan A griculture Research，1971，20（3）：21-30.

[11] SOGAWA K. Studies on feeding habits of brown planthopper I. Effects of nitrogen-deficiency of host plats on insect feeding [J]. J ap. J. Appl. Entomol. Zool.，1970，14：101-106.

[12] LU Z X, HEONG K L, YU X P, et al. Effects of plant nitrogen on eco-logical fitness of the brown planthopper in rice [J]. Asia-Pacific Entomol, 2004, 7 (1): 97-104.

[13] PREAP V, ZALUCKI M P, NESBITT H J, et al. Effect of fertilizer, pesticide treatment, and plant variety on the realized fecundity and survival rates of brown planthopper, generating outbreaks in Cambodia [J]. Asia-Pacif ic Entomol., 2001, 4 (1): 75-84.

[14] LI R D, DING J H, WU G W, et al. The brown planthopper and its popula-tion management [M]. Shang hai: Fudan University Press, 1996: 334.

[15] HOSAMANI M M, JAYAKUMAR B V AND SHARMA K M S. Sources and levels of nitrog enous fertilizers in relation to incidence of brown plan-thoppwe in Bhadra Project [J]. Current Research, 1986, 15: 132-134.

[16] UHM K B , HYUN J S, CHOI K M. Effects of the different levels of ni-trogen fertilizer and planting space on the population growth of the brown planthopper [J]. Research report. RDA (P. M & U), 1985, 27 (2): 79-85.

[17] LU Z X, VILLAREAL S, YU X P, et al. Effect of nitrogen on water content, sap flow and tolerance of rice plants to brown planthopper, Nilap arvata lugens [J]. Rice Sci., 2004, 11 (3): 129-134.

[18] SHEPARD B M, BARRION A T, LITSINGER J A. Friends of the rice farmer: helpful insects, spiders and pathogens [M]. CAB Direct, 1987.

[19] 吕仲贤, 俞晓平, 等. 稻田氮肥施用量对黑肩绿盲蝽捕食功能的影响 [J]. 昆虫学报, 2005, 48 (1): 48-56.

[20] 郑许松, 徐红星, 俞晓平, 等. 缨小蜂对颜色的选择性和粘卡技术的应用研究 [J]. 华东昆虫学报, 2001, 10 (2): 96-100.

第五章 过量施氮对水稻产量和品质的影响

目前，我国稻谷产量占全国谷物总产的 40％以上，水稻单产水平已经超过 6t/hm²，这为保证粮食安全和社会稳定起到了十分重要的作用。我国水稻的种植面积占世界水稻种植面积的 19％，而水稻氮肥用量占世界水稻氮肥总用量的 35％。水稻生产中氮肥用量过多和施肥方式不合理导致我国的氮肥利用率偏低。朱兆良认为，我国在 20 世纪 80 年代的碳酸氢铵的利用率已经不足 30％，尿素的利用率也仅有 30％～40％[1]。到了 90 年代，中国水稻的氮肥利用率平均只有 30％～35％。2000 年以后，张福锁等（2008）总结了全国 179 个田间试验的结果，认为水稻的氮素回收利用率已经下降到 28％[2]。而水稻作为我国重要的口粮，为全国 2/3 以上人口提供食物营养，因此，稳定提高水稻产量是确保我国粮食安全的关键。

一、水稻过量施肥程度的时空差异

2002 年，水稻主产区过量施肥程度平均值为 41.35％，其中，河北、山东、宁夏、福建、广东、广西和海南 7 省（自治区）水稻过量施肥程度较高；从空间格局看，水稻高等过量施肥区主要集中在黄淮海地区和华南地区，以团块状分布，低等过量施肥区连片分布。2005 年和 2010 年，水稻主产区过量施肥程度进一步提高，分别为 42.02％、44.12％，其中，江苏、安徽、湖北、江西、四川、云南、吉林和辽宁过量施肥程度增长较快。2015 年，水稻主产区过量施肥程度进一步提高至 47.94％，其中，河北、山东、江苏、安徽、江西、广东、广西和海南 8 省（自治区）过量施肥程度较高；从空间格局看，水稻高等过量施肥区主要集中在黄淮海地区、华南地区和长江中下游地区，呈条带状分布，中等过量施肥区则连片分布。

2002—2015 年水稻过量施肥程度的平均值结果显示，广东、广西、海南、江苏和山东等省份属于过量施肥程度大于 50.60％的高等过量施肥区，四川、贵州、湖北、湖南、江西、福建、浙江、安徽、河南、河北、吉林和辽宁等省份属于过量施肥程度在 38.9％～50.60％的中等过量施肥区，而黑龙江、内蒙古、陕西、重庆和云南等省份属于过量施肥程度小于 38.9％的低等过量施肥区。水稻高等过量施肥和中等过量施肥省份主要集中于黄淮海平原、长江中下游以及华南地区，可能的原因在于这些区域非农就业程度相对发达，农户投入农业生产的时间较少，倾向于通过增施化肥来弥补劳动投入量的减少，从而导致过量施肥程度较高。

2002—2015 年水稻过量施肥程度变动趋势结果表明，全国共有 16 个省份，即 70％（16/23）的省份水稻过量施肥程度增加，其中云南、内蒙古和吉林 3 个省份增幅最大，增长量均大于 20％，浙江、陕西、安徽、江苏、江西、湖北、海南 7 省的增幅在 5％～20％，河北、广西、四川、辽宁、广东、重庆 6 省（自治区、直辖市）的增幅在 5％以下。全国共有 7 个省份的水稻过量施肥程度下降，其中黑龙江、山东和宁夏 3 个省份降幅大于 10％，河南、贵州、湖南、福建 4 省的降幅在 5％以下。黑龙江省水稻过量施肥程度降幅最高，可能的原因在于：近年来黑龙江省绿色农业的快速发展。数据显示，黑龙江省是中国最大的绿色食品生产加工基地。2017 年，黑龙江省绿色有机食品认证面积 506.7 万 hm^2，约占全国的 1/5；绿色食品总产值 2 550 亿元，约占全国的 1/6。绿色食品对生产过程中的化肥用量有着严格的限制，从而有助于降低化肥投入量。山东省水稻过量施肥程度降幅也较高，可能的原因在于：2008 年以来，随着农村土地流转政策的实施和农产品"三品一标"工程的推进，山东省农业组织化程度不断提高，消费者对无公害农产品的购买需求不断增加，从而使得化肥投入量逐渐减少。

二、过量施氮对水稻产量的影响

优化群体结构和塑造高质量群体是提高水稻产量的基础。水稻群体质量指标包括成穗率、叶面积指数、群体颖花量、抽穗后干物质积累量等。张洪程（2012）认为获得高产的关键在于获得"多穗、大穗"的同时保证结实率和千粒重[4]。衡量水稻群体质量的核心指标是抽穗后的干物质积累量，而衡量水稻群体质量的综合指标则是成穗率。增施氮肥有利于水稻在各个生育期的群体发育，增加茎蘖数、叶面积指数、干物质积累、生育后期光合势。但过量施氮会导致群体生长过快，遮蔽严重，茎秆变脆，导致作物的抗倒性降低，影响到群体的正常发育。水稻抽穗期叶色值随着施氮量增加而增加，增施氮肥可以防止水稻早衰，但是过量施用会导致贪青晚熟[5]。李木英等研究也认为过高施氮水平提高了叶片干物质的分配比率，但穗部的干物质分配比率有所下降，因而没有增产效果[6]。李永杰（2014）的研究发现，在一定的范围内，水稻产量随着氮肥施用量增加而增加，在达到一定氮肥水平时，产量增加幅度减小，甚至出现减产现象。单位面积颖花数随着施氮量增加而增加，但千粒重、结实率随着施氮量增加而下降（图5-1）。

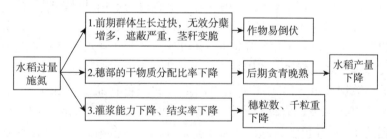

图5-1　水稻过量施氮对水稻产量的影响

1. 过量施氮对直播水稻产量的影响

直播水稻具有省工、省时、节本、增效等特点，但在生产过程中也存在较多问题，特别是超播量种植占较大比例，从而造成田间幼苗瘦小，秧苗素质较差，个体生长与群体生长不协调，田间通风透光条件差。另外，肥料的过量投入也会造成后期贪青晚熟，进而引起产量和品质严重下降。殷春渊（2018）研究发现，随着施氮量的增加，产量呈先增加后降低的趋势，在 255kg/hm² 处理下产量达最大，从产量构成因素来看，随着施氮量的增加穗数呈增加趋势，结实率和千粒重处理间差异较小，穗粒数则呈先增加后降低趋势，说明直播水稻在适宜氮肥水平下的高产主要靠穗粒数的增加来实现[7]。

2. 过量施氮对机插水稻产量的影响

较直播水稻而言，机插水稻有利于增加成穗率和单穗重。郭保卫等研究认为，随着施氮量增加，机插水稻产量先增加后减少，以施氮量为 270kg/hm² 产量最高[8]。唐健等（2019）以优质双季晚稻泰优 398、黄华占、天优华占、美香新占 4 个品种为试验材料，在机插条件下设 0kg/hm²、135kg/hm²、180kg/hm²、255kg/hm² 四个施氮水平，研究发现，在施氮量为 0～180kg/hm² 的范围内，机插优质双季晚稻的群体颖花量、每穗粒数和产量随施氮量增加而增加[9]（表 5-1），这可能是因为适量地增施氮肥能提高水稻光合作用，更好地促进水稻成长和形成较多的同化产物，促进颖花分化，增加颖果内容量，利于提高水稻产量。但当施氮量增加到 255kg/hm² 时，因群体过大导致个体优势削弱，每穗粒数下降，产量也出现下降趋势，这与施氮量过多导致水稻营养过剩、贪青晚熟有关。

表 5-1 不同氮肥施用量下优质晚稻产量及构成因素[9]

品种	处理	穗数 （万 hm²）	每穗 粒数	总颖花数 （万 hm²）	结实率 （%）	千粒重 （g）	理论产量 （kg/hm²）	实际产量 （kg/hm²）
美香新占	N0	304Bc	103Bb	31 482Bc	86.2Aa	21.1Aa	5 724Bb	5 602Bc
	N1	317ABbc	144Aa	45 818Ab	84.2Aab	20.1Aab	7 750Aa	7 326Ab
	N2	326ABc	148Aa	48 470Aab	83.8Ab	19.8Ab	8 041Aa	7 757Aa
	N3	354Ab	142Aa	50 615Aa	83.4Ab	19.8Ab	7 912Aa	7 634Aab

（续）

品种	处理	穗数 （万 hm^2）	每穗 粒数	总颖花数 （万 hm^2）	结实率 （%）	千粒重 （g）	理论产量 （kg/ hm^2）	实际产量 （kg/ hm^2）
泰优 398	N0	273Bc	97Bc	26 637Bc	87.3Aa	24.3Aa	5 638Cc	5 910Bc
	N1	339Aa	114Ab	38 526Ab	85.7Aab	24.2Aa	7 989Bb	7 449Ab
	N2	348Aab	121Aa	42 120Aa	85.1Ab	23.9Aa	8 571Aa	8 127Aa
	N3	354Ab	118Aab	41 686Aab	84.7Ab	23.9Aa	8 425ABa	7 942Aa
天优华占	N0	284Ac	97Cc	27 525Cc	85.4Aa	24.8Aa	5 832Cc	5 610Bc
	N1	306Ab	131Bb	40 239Bb	83.1ABab	24.6Aa	8 225Bb	7 816Ab
	N2	324Aa	145Aa	47 334Aa	80.5ABbc	24.5Aa	9 280Aa	8 831Aa
	N3	335Aa	141ABc	47 478Aa	79.4Bc	24.4Aa	9 156Aa	8 646Aa
黄华占	N0	287Ac	96Bb	27 693Cc	90.7Aa	22.8Aa	5 723Bc	5 699Cc
	N1	318Ab	119Aa	38 089Bb	89.2Aab	22.8Aa	7 731Ab	7 345Bb
	N2	338Aa	123Aa	41 728Aa	88.5Aab	22.7Aa	8 363Aa	8 180Aa
	N3	341Aa	120Aa	41 284Aa	87.9Ab	22.6Aa	8 203Aa	7 996ABa

注：不同大、小写字母分别表示在 0.01 和 0.05 水平上差异显著，下同。N0：不施氮肥；N1：纯氮 135kg/ hm^2；N2：纯氮 180kg/ hm^2；N3：纯氮 255kg/ hm^2。

3. 过量施氮对超级水稻产量的影响

自超级稻研究与推广以来，对促进我国水稻连续增产，单产不断攀升做出了重要贡献。魏海燕等研究表明，随氮肥用量的增加，超级粳稻单位面积穗数先增后减，每穗粒数递增，结实率和千粒重呈递减趋势，导致产量呈现先增加后下降趋势，增加产量的主要原因是在适当的氮肥施用量下，超级粳稻有较高的群体颖花量[10]。分蘖的发生情况显著影响水稻高产群体的构建，促进有效分蘖、控制无效分蘖、提高群体茎蘖成穗率是最适有效叶面积指数形成的基础。卢铁钢（2010）研究施氮水平对北方超级稻产量的影响发现，在降低施氮量30%（147kg/ hm^2）后，茎蘖数和有效穗数呈现降低趋势，但铁粳 7 号和沈农 265 的成穗率分别提高 9.8%、1.7%，有效控制了无效分蘖的发生。铁粳 7 号和沈农 265 的产量在比正常施氮量降低30%的水平上之所以未出现显著下降，是由于铁粳7号促使每穗实粒数增加8.0%、结实率提高11.5%，沈农265则通过提高结实率4.7%和千粒重2.4%来维持产量稳定。因此，低氮量增加铁粳7号成穗率、结实率和每穗实粒数以维持产量稳定，而沈农265则是通过提高成穗率、结实率和千粒重来维持产量稳定[11]（表5-2）。

表5-2　不同氮素水平的产量及构成因素[11]

品种	总施氮量 (kg/hm²)	有效穗 (10^5 hm²)	每穗实粒数 (个/穗)	结实率 (%)	千粒重 (g)	实际产量 (kg/hm²)
铁粳7号	0	24.83bB	121.4a	90.1a	26.5a	7 408bB
	147	33.22aA	116.8a	82.3ab	25.8a	9 051aA
	210	36.86 aA	108.1a	73.8b	26.4a	9 480aA
沈农265	0	22.59cB	134.8a	89.7a	25.6a	6 765aB
	147	30.58 aA	126.2a	80.2b	25.7a	8 933aA
	210	31.31 aA	129.4a	76.6b	25.1a	9 397aA

4. 过量施氮对功能稻产量的影响

功能稻是指稻米中富含一种或几种营养元素，食用后能改善人体生理功能的特种用途的水稻品种。随着我国经济的快速发展，人们生活品质逐渐提高，对稻米品质的要求也越来越高。为满足人们对稻米营养保健的要求，功能稻的种植推广规模越来越大。氮肥的施用对功能稻的产量也会有显著的影响。黎泉（2010）以巨胚稻、低谷蛋白水稻、富铁水稻、耐贮藏水稻等功能稻为材料发现，在产量及产量构成要素上，随着施氮量的增加，4个功能稻产量均呈先升后降趋势，在270kg/hm²施氮量下产量最高，施氮主要影响了功能稻的穗数和穗粒数，而对结实率和千粒重的影响较小（表5-3）。不同功能稻产量对氮素的响应差异显著，其中低谷蛋白品种W1240和富铁品种H9405产量对氮肥较为敏感，而低谷蛋白稻W1721和W3660、巨胚稻W025、耐贮藏水稻产量W017对氮肥的响应上较为钝感[12]。

表 5 - 3　施氮量对功能水稻产量的影响[12]

品种	功能特性	N_0	N_1	N_2	N_3	N_4	平均值	CV（%）
W1240	LGC	8.0d	8.9c	9.6b	10.2a	10.0ab	9.4B	9.7
W1721	LGC	8.3c	9.4b	10.0ab	10.7a	10.4a	9.8B	9
W025	巨胚稻	6.5a	6.9a	7.9a	8.3a	8.1a	7.5D	8.7
W017	耐贮藏	9.2c	10.2bc	10.5ab	11.4a	11.1ab	10.5A	8.3
H9405	富铁	7.0b	8.2ab	9.6a	9.9a	9.3a	8.8C	13.7
	平均值	7.8d	8.7c	9.5b	10.1a	9.8ab	9.2B	10.2

注：LGC 为低谷蛋白；CV 为变异系数；N_0、N_1、N_2、N_3、N_4 分别表示施氮量为 $0kg/hm^2$、$90kg/hm^2$、$180kg/hm^2$、$270kg/hm^2$ 和 $360kg/hm^2$。

三、过量施氮对水稻品质的影响

近年来，随着经济的快速发展，人民生活水平不断提高，优质稻米需求大大增加。但是长期以来，我国致力于对水稻产量的研究，而忽略了水稻品质尤其是食味品质的研究，导致我国的品质育种研究远远落后于世界其他国家，如日本等。稻米品质是品种遗传特性、环境生态条件、栽培技术及加工和贮藏条件综合作用的结果，是以稻米内部物质的生理生化为基础，在遗传特性和环境因素的作用下通过籽粒灌浆进行复杂有序的代谢过程而形成的。因此，一般影响水稻植株生长发育的栽培环境因素都会影响稻米品质。其中肥料对稻米产量、品质的影响尤为重要，而氮素是影响水稻生长最重要的元素[13-15]。一直以来，人们为了追求产量而过量施用氮肥，在一定范围内，氮肥施用的增加确实能增加水稻产量。但是，过量施用氮肥会导致稻米蛋白质含量增加，直链淀粉和支链淀粉比例失调，进而影响水稻的蒸煮食用品质[16]。一般研究认为，稻米的品质与产量是相互矛盾的，在生产实践中很难实现高产量并且优质米的情况。如何通过合理施用氮肥使水稻产量与稻米品质相互协调一致尤为重要。不同品种的水稻对于氮肥的最适需求量及敏感程度不同，减少氮肥施用量不一定会造成产量的降低，此外，水稻产量和稻米品质受到气候、土壤和环境因子的综合影响，施用氮肥一定要根据不同品种和不同环境条件选择氮肥施用量[13,15]（图5-2）。稻米的品质一般包括碾磨品质、外观品质、蒸煮及食味品质和营养品质。

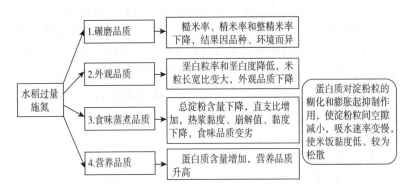

图5-2　水稻过量施氮对水稻品质的影响

1. 过量施氮对碾磨品质的影响

碾磨品质决定大米的商品价值，通过氮肥量对稻米的碾磨品质的影响研究表明，增施氮肥可有效提高稻米的糙米率、精米率、整精米率。就加工品质而言，前人研究结果并不一致。有研究认为，随施氮量增加，糙米率、精米率和整精米率下降；也有研究认为，随施氮量的增加，稻米加工品质提高。黄元财等对辽粳和沈农8718的研究发现，随着施氮量增加，糙米率、精米率下降，整精米率与施氮量呈二次曲线关系。唐健等（2019）以优质双季晚稻泰优398、黄华占、天优华占、美香新占4个品种为试验材料，在机插条件下设0kg/hm²、135kg/hm²、180kg/hm²、255kg/hm²四个施氮水平，研究发现，施氮量在0～180kg/hm²的范围内，机插优质双季晚稻的糙米率、精米率及整精米率随着施氮量的增加而增加[9]。

2. 过量施氮对外观品质的影响

外观品质主要是指粒长、粒形、垩白度和透明度，由于试验种和栽培条件差异，不同研究结果显示氮肥对稻米外观品质的影响差异性很大。朱大伟认为随施氮量增加，稻米的加工品质有所改善，外观品质先改善后变劣。结实期（含齐穗前不久）追施氮肥促进谷粒充实、成熟度提高。随施氮量的增加，水稻的垩白粒率和垩白度降低，米粒长宽比变大。长户一雄发现有利于籽粒灌浆的条件会促进垩白增加（与遮光减少垩白一致）[17]。殷春渊等研究认为，增加氮肥施用量使水稻垩白粒率和垩白度呈增加趋势[7]。施氮量在 0～180kg/hm^2 的范围内，机插优质双季晚稻的垩白粒率、垩白度均随施氮量的增加而减小，可见适当增施氮肥改善了稻米的加工和外观品质，这是因为适当增施氮肥提高群体和个体优势，延长了灌浆结实期，使灌浆缓慢、籽粒内物分配合理、致密性增强。

3. 过量施氮对食味蒸煮品质的影响

水稻的食味蒸煮品质是稻米在蒸煮过程及食用过程中所表现的理化特性及感官表现。食味蒸煮品质表现形式比较广泛，比如吸水性、延伸性、溶解性、糊化性、膨胀性及米饭的硬度、黏度、弹力性等。食味蒸煮品质是稻米的核心品质，决定大米的商业价值及消费途径。通常测定的理化性质有：直链淀粉含量，米饭硬度、黏度、平衡值和弹力，淀粉 RVA 谱，碘蓝值和透光率等。有研究发现，随施氮量的增加，精米中支链淀粉含量下降，直链淀粉无显著变化，总淀粉含量下降，直支比（直链淀粉/支链淀粉）增加[18]。稻米 RVA 谱特征值是评价稻米食味品质的一个重要理化指标。优质食味稻米的 RVA 谱参数值，通常表现为崩解值大、最终黏度小、消减值小和糊化温度低的基本特性。关于氮肥施用对稻米淀粉 RVA 谱特性的影响，前人研究结果不尽一致。有研究认为，随氮肥施用量的增加，稻米淀粉 RVA 谱的峰值黏度、热浆黏度和崩解值上升，而消减值和糊化温度下降[19,20]，但胡雅杰等研究表明，稻米淀粉 RVA 谱的峰值黏度和崩解值随氮肥施用量增加有所降低，而热浆黏度和消减值则呈上升趋势[21]。唐健等（2019）在机插栽培条件下的研究发现，随施氮量的增加，机插优质双季晚稻品种的峰值黏度、热浆黏度、崩解值、最终黏度逐渐下降，而消减值和糊化温度逐渐增加[9]，说明增施氮肥一定程度上不利于优质晚稻淀粉黏滞性的形成。这可能是增施氮肥使稻米蛋白质含量增加所致，因为填塞在淀粉颗粒间的蛋白质对淀粉粒的糊化和膨胀起抑制作用，使淀粉粒间空隙减小，吸水速率变慢，使米饭黏度低、较为松散、硬度大，从而影响口感，食味品质变劣。

4. 过量施氮对营养品质的影响

稻米营养品质指稻米中含有营养成分的程度。关于施氮量对稻米营养品质的影响，所有的研究结果基本一致：稻米的蛋白质含量随着施氮量的增加而增加。杨静等（2006）通过试验表明，稻米中的蛋白质含量随着施氮量的增加而增加。蛋白组分根据在不同溶剂中提炼出来的蛋白质区分为清蛋白、球蛋白、醇溶蛋白和谷蛋白，各种蛋白组分的百分比随着施氮量的增加基本没有变化趋势[22]，说明蛋白组分的百分比受遗传因素控制，受环境的影响较小。万靓军等研究表明，增施氮肥显著改善稻米营养品质[23]。机插优质双季晚稻蛋白质含量随着施氮量增加而提高，这可能是由于氮肥的施用促进了氨基酸和蛋白质的合成。从夕汉等研究发现，随施氮量的增加，稻米的直链淀粉含量和胶稠度变大。张自常等结果表明，施氮量的增加使稻米直链淀粉含量降低，胶稠度变长。随着施氮量的增加，机插优质双季晚稻品种的直链淀粉含量减少，胶稠度增加，这可能与蛋白质含量与直链淀粉含量的互补效应有关，即蛋白质含量高、直链淀粉含量低[24]。

参考文献

[1] 朱兆良. 农田中氮肥的损失与对策 [J]. 生态环境学报，2000，9（1）：1-6.

[2] 丛殿峰. 中国主要粮食作物肥料利用率现状与提高途径 [J]. 农民致富之友，2013（12）：88-88.

[3] 郭巧苓. 中国主要粮食作物过量施肥程度及其影响因素分析 [D]. 南昌：江西财经大学，2019.

[4] 张洪程，赵品恒，孙菊英，等，机插杂交粳稻超高产形成群体特征 [J]. 农业工程学报，2012，28（2）：39-44.

[5] 李永杰. 施氮量对水稻产量品质的影响及对稻米储藏特性的研究 [D]. 天津：天津农学院，2014.

[6] 李木英，石庆华，王涛，等. 氮肥运筹对陆两优 996 吸氮、干物质生产和产量的影响 [J]. 江西农业大学学报，2008（2）：187-193.

[7] 殷春渊，王书玉，刘贺梅，等. 播量和施氮量对直播稻产量和品质的影响 [J]. 中国农学通报，2018，491（20）：7-12.

[8] 郭保卫，魏海燕，胡雅杰，等. 秸秆还田下适宜施氮量提高机插稻南粳 9108 产量和群体质量 [J]. 中国水稻科学，2015，29（5）：511-518.

[9] 唐健，唐闯，郭保卫，等. 氮肥施用量对机插优质晚稻产量和稻米品质的影响 [J]. 作物学报，2020，46（1）：117-130.

[10] 魏海燕，王亚江，孟天瑶，等. 机插超级粳稻产量，品质及氮肥利用率对氮肥的响应 [J]. 应用生态学报，2014，25（2）：488-496.

[11] 卢铁钢，孙国才，王俊茹，等. 氮肥对北方超级稻产量及品质的影响 [J]. 中国稻米，2010，16（6）：35-38.

[12] 黎泉. 施氮量对功能稻产量，品质与功能特性的影响 [D]. 南京：南京农业大学，2013.

[13] 张军，谢兆伟，朱敏敏，等. 不同施氮时期对水稻剑叶光合特性及稻米品质的影响 [J]. 江苏农业学报，2008，24（5）：656-661.

[14] 梁国斌，莫亿伟，柳敏，等. 施氮对水稻植株和颖果发育及稻米品质的影响 [J]. 西北植物学报，2008，28（9）：86-94.

[15] 金军. 氮肥施用量施用期对稻米品质及产量的影响 [D]. 扬州：扬州大学，2002.

[16] 赵可. 长江中下游地区籼、粳超级稻稻米品质差异及其对氮肥的响应特征 [D]. 扬州：扬州大学，2015.

[17] 长户一雄. 米粒の蛋白质含量にすの研究 [J]. 日本作物学会纪事，1972，41：472-479.

[18] 宁慧峰. 氮素对稻米品质的影响及其理化基础研究 [D]. 南京：南京农业大学，2011.

[19] 戴云云. 日、夜温度升高对稻米品质的影响及其氮素穗肥的调控作用 [D]. 南京：南京农业大学，2008.

[20] 成臣，曾勇军，王祺，等. 施氮量对晚粳稻甬优 1538 产量、品质及氮素吸收利用的影响 [J]. 水土保持学报，2018，32（5）：225-231.

[21] 胡雅杰，张洪程，钱海军，等. 秸秆还田条件下氮磷钾用量对软米粳稻

产量和品质的影响［J］.植物营养与肥料学报，2018，24（3）：817-824.

［22］杨静，罗秋香，钱春荣，等.氮素对稻米蛋白质组分含量及蒸煮食味品质的影响［J］.东北农业大学学报，2006，37（2）：145-150.

［23］万靓军，霍中洋，龚振恺，等.氮肥运筹对杂交稻主要品质性状及淀粉RVA谱特征的影响［J］.作物学报，2006，32（10）：1491-1497.

［24］从夕汉，施伏芝，阮新民，等.氮肥水平对不同基因型水稻氮素利用率，产量和品质的影响［J］.应用生态学报，2017，4（28）：162-169.

第六章　过量施氮对小麦产量和品质的影响

小麦是世界上主要的粮食作物，全世界有 35%～40% 的人口以小麦作为主要食粮，其分布地区之广、种植面积之大以及总产量之高均居谷类作物前列。而对于我国，小麦是我国重要商品粮和战略性的主要粮食储备品种，其产量的高低和品质的优劣直接关系到国民经济发展和人民生活水平的提高。因此，小麦生产应该在优质专用的基础上注重产量的提高，产量和品质并重才是我国小麦发展的必然趋势。小麦的产量和品质除由其品种本身的遗传特性决定外，还取决于栽培措施和所处的环境条件[1,2]。在栽培措施中，氮素供应是影响小麦产量和品质的关键因子之一，其中氮肥施用量对小麦产量、籽粒蛋白质含量、加工品质和营养品质的影响尤其重要[3]。

"全国化肥网"经过 70 次试验发现化肥在提高小麦产量和品质方面具有非常重要的作用，结果证明，在 1981—1991 年的 10 年间，化肥对农作物产量增加的贡献率由 36.6% 增至 50.8%，对小麦产量的贡献率由 50.3% 增至 68.7%[4]。20 世纪粮食产量增加的因素中一半以上来自施用化肥[5]。尽管氮肥在推动粮食增产中起着非常重要的作用，但是目前在我国小麦生产中普遍存在氮素投入过量、追氮时期偏早的问题，不仅造成肥料利用率低、小麦生产成本升高，而且对环境造成污染。

一、小麦过量施肥程度的时空差异

2002 年，小麦主产区过量施肥程度的平均值为 34.43%，其中内蒙古、甘肃、宁夏、四川、山西、河北、山东、江苏、安徽、湖北 10 个省（自治区）过量施肥程度较高。从空间格局看，小麦高等过量施肥区主要集中在北部高原、黄淮海平原和长江中下游地区，以片状分布。2005 年，小麦主产区过量施肥程度平均值有所下降，为 31.30％，其中，黑龙江、山西和甘肃过量施肥程度下降幅度较大。2010 年和 2015 年，小麦主产区过量施肥程度有所提高，分别为 35.94％、40.91％，其中，2015 年内蒙古、河北、山东、河南、江苏、安徽、湖北、山西、陕西、宁夏、甘肃、新疆和云南 13 个省（自治区）过量施肥程度较高。从空间格局看，小麦高等过量施肥区连片分布，主要集中在北部高原地区、黄淮海地区、长江中下游地区、西北地区。综上，小麦主产区高等过量施肥区在北部高原地区、黄淮海地区和长江中下游地区连片分布，集聚特征明显。

从空间差异来看，2002—2015 年中国小麦过量施肥程度的平均值结果显示，内蒙古、陕西、山西、宁夏、山东、河北、河南、江苏、安徽、湖北等省份属于过量施肥程度大于 31.46％的高等过量施肥区，新疆、四川、云南等省份属于过量施肥程度在 20.74％～31.46％的中等过量施肥区，仅有黑龙江属于过量施肥程度小于 20.74％的低等过量施肥区。小麦高等过量施肥省份主要集中于北部高原、黄淮海平原以及长江中下游北部地区，可能的原因在于这些区域是中国小麦生产的优势区，小麦增产的压力较大，农户为追求高产倾向于增施化肥。

2002—2015 年小麦过量施肥程度变动趋势结果表明，全国共有 12 个省份，即 80％（12/15）的省份小麦过量施肥程度增加，其中新疆、云南增幅最大，增长量均大于 20％，山西、河南、陕西、江苏、安徽和甘肃 6 个省的增幅在 5％～20％，河北、湖北、山东、内蒙古 4 个省（自治区）的增幅在 5％以下。全国共有 3 个省份的小麦过量施肥程度下降，下降幅度由高到低依次为黑龙江（24.79％）、宁夏（13.32％）、四川（5.62％）。小麦过量施肥程度增幅较大的省份主要集中在西部地区，可能的原因在于：西部地区耕地质量水平相对较低，而自从西部大开发政策实施以来，西部地区经济水平发展较为迅速，人们对粮食的需求量增加，农户为追求粮食高产倾向于增施化肥，从而导致过量施肥程度增幅较大。

二、过量施氮对小麦产量的影响

于振文院士的研究结果发现，在一定的施氮范围内，籽粒产量随着施氮量的增加而增加，但超过适宜的施氮范围，产量不增反降。在高肥地力条件下，当施氮量在 0～240kg/hm² 纯氮范围内时，山农 8355 公顷穗数、穗粒数、千粒重，以及济麦 20 公顷穗数、千粒重均随施氮量增加而提高，继续增加施氮量，产量构成因素趋于下降，因此，两品种均以 240kg/hm² 施氮量处理产量最高，继续增加施氮量，籽粒产量下降[7]（表 6-1）。张秀等（2018）以强筋小麦品种济麦 20（中穗型）和洲元 9369（大穗型）为材料，设置 180kg/hm²（N180）、240kg/hm²（N240）和 300kg/hm²（N300）三个氮肥水平研究了施氮量对强筋小麦产量和氮素利用率的影响。结果发现 2 个小麦品种的产量在 N180 和 N240 间无显著差异，施氮量增至 N300 时产量显著下降，且氮素利用率随施氮量增加呈明显的降低趋势，这与前人研究结果基本一致（图 6-1、图 6-2）。

表 6-1　不同施氮量下小麦产量及构成因素[7]

品种	处理	穗数 （万穗/hm²）	穗粒数	千粒重 （g）	籽粒产量 （kg/hm²）	生物产量 （kg/hm²）	收获指数
山农 8355	N0	322b	46.6c	56.7cC	7 242c	15 508c	0.47
	N120	359ab	48.2b	57.8bB	8 520b	17 825b	0.48
	N180	372a	48.8a	58.4ab	9 004ab	18 720ab	0.48
	N240	387a	48.9a	58.7a	9 459a	19 383a	0.49
	N300	369a	48.1b	58.9a	8 881b	18 464b	0.48
济麦 20	N0	642b	32.0c	41.0c	7 160c	15 669c	0.46
	N120	688ab	34.3ab	42.5b	8 524b	18 214b	0.47
	N180	704ab	34.5a	42.8ab	8 850ab	18 710ab	0.47
	N240	733a	33.8b	43.3a	9 110a	19 099a	0.48
	N300	742a	31.2d	43.1ab	8 502b	18 014b	0.47

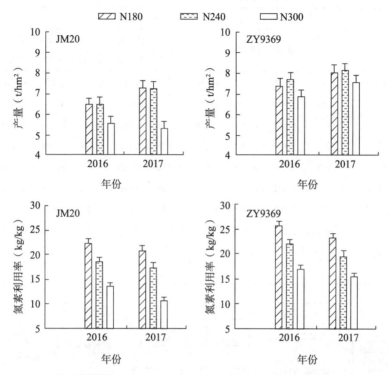

图 6-1　不同施氮水平下强筋小麦的产量和氮素利用效率

于振文院士发现，随着施氮量增加，两品种各部分营养器官开花前干物质的积累量、干物质最高积累量、干物质总输出量、干物质总输出量对籽粒重的贡献率均相应增加，但当施氮量超过 240kg/hm² 时，趋于降低。两品种营养器官可溶性总糖开花前积累量、开花后最高积累量、开花后输出量表现出和上述相同的趋势。穗轴＋颖壳以及茎鞘是小麦暂贮碳水化合物向籽粒输送的主要器官。品种之间比较，山农 8355 营养器官干物质总输出量对籽粒重的贡献率在所有处理中平均为 41.4%，而济麦 20 为 49.2%，济麦 20 有较多的暂贮营养物质输送到籽粒（表 6-2）[7]。

表 6 - 2　施氮量对开花后小麦植株营养器官氮素转移量的影响[7]

品种	处理	氮素转移量（％）							
		旗叶	倒二叶	其余叶	穗下节间＋鞘	倒二节间＋鞘	其余节间＋鞘	穗轴＋颖壳	总转移量
山农 8355	N0	3.67b	4.11d	3.43d	6.62c	4.17c	4.55a	5.65c	32.20c
	N120	3.79b	4.51cd	4.73c	7.93b	4.48bc	3.23b	9.10a	37.77b
	N180	3.80b	4.78bc	4.99b	8.02b	4.62b	3.77b	8.05b	38.03b
	N240	4.04a	5.01ab	5.21a	9.83a	5.46a	4.34a	9.22a	43.11a
	N300	3.72b	5.17a	4.92a	9.87a	4.91b	4.40a	8.37b	41.36a
济麦 20	N0	2.34b	2.65c	3.00c	4.23d	2.08c	1.65b	5.58b	21.53b
	N120	2.44b	2.83c	3.63b	4.63d	2.39bc	1.82b	5.86b	23.60b
	N180	2.45b	3.41b	4.32a	5.44bc	2.58b	2.06a	8.06a	28.32ab
	N240	2.93a	3.78b	4.36a	6.40b	2.89a	2.08a	8.00a	30.44a
	N300	2.92a	3.52b	3.40bc	7.32a	2.60b	2.14a	7.82a	29.72a

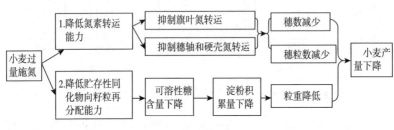

图 6 - 2　过量施氮对小麦产量的影响

三、过量施氮对小麦品质的影响

　　小麦食品加工品质是评价籽粒和面粉品质的基本指标和依据。加工品质是一个相对概念。强筋小麦粉面团稳定时间长，适合做面包，而不适合做糕点；弱筋小麦粉面团稳定时间短，适合做糕点、饼干，而不适合做面包。因此，我们常说的优质小麦，应为优质专用小麦或专用小麦。长期以来，为了解决人们温饱问题，我国小麦生产重产量、轻质量，导致产量虽然得到了提升，但是品质却没有得到同步改善，甚至有所下降。这主要表现在面粉的专用性较差，大多数小麦粉为中筋粉，只适于蒸煮类食品的加工。对于强筋小麦，其面筋强度弱，面团流变性差，面包的烘烤品质不好；而对于弱筋小麦而言，其蛋白质含量和面筋强度过高，面团形成时间和稳定时间长，不能适用于制作优质饼干、糕点等。我国小麦品质的现状总体还处于"强筋不强，弱筋不弱"的状态，已不能适应市场对不同功能优质专用小麦的需求。

　　小麦品质包括加工品质和营养品质。小麦加工品质包括磨粉品质（一次加工品质）和食品加工品质（二次加工品质）。衡量小麦磨粉品质的主要指标有：容重、出粉率和面粉白度等。衡量食品加工品质的主要指标有：面筋含量、沉降值和面团流变性等。小麦营养品质指蛋白质品质，即籽粒中蛋白质的含量、各种蛋白质组分的比例及组成蛋白质的氨基酸组成。增施氮肥能有效地提高籽粒蛋白质含量，但构成总蛋白的各种组分并不是成比例地增加。王月福和于振文（2001）研究表明，籽粒容重有随施氮量增加而降低的趋势。沉降值和面团流变性影响均表现为随施氮量的增加，面筋含量增加，沉降值提高，面团稳定时间延长。而施氮量对加工品质的影响在很大程度上取决于对蛋白质含量的影响，这是由蛋白质所固有的面团流变性所决定的[8]。小麦蛋白质组分主要有清蛋白、球蛋白、醇溶蛋白和谷蛋白等。清蛋白和球蛋白中赖氨酸含量丰富，营养价值较高，醇溶蛋白中赖氨酸含量较低，而谷蛋白的氨基酸组成比较平衡，氨基酸含量也较高。醇溶蛋白主要起黏滞作用，谷蛋白起弹性作用。小麦品质性状与谷蛋白、醇溶蛋白的比值显著相关，随谷蛋白含量的增加，面筋含量、沉降值、稳定时间都明显增大，加工特性较好。王月福和于振文等（2002）认为，增施氮肥能够显著提高籽粒蛋白质各组分的含量，而清蛋白、球蛋白和谷蛋白随着施氮量的增加所占的比例逐渐升高，醇溶蛋白和剩余蛋白则随着施氮量的增加所占的比例逐渐下降[9]。据彭永欣、郭文善等（1992）报道，籽粒中清蛋白、球蛋白、谷蛋白和醇溶蛋白含量随着施氮量的增加而提高，但各组分在总蛋白质中的比例，清蛋白和球蛋白随施氮量增加而降低，谷蛋白和醇溶蛋白随施氮量增加而提高[10]。清蛋白和球蛋白富含赖氨酸、苏氨酸等，谷蛋白和醇溶蛋白富含谷氨酸、脯氨酸等，施氮降低蛋白质中清蛋白和球蛋白的比例，提高面筋蛋白即谷蛋白和醇溶蛋白的比例，从而影响蛋白质的氨基酸组成。刘安勋（2000）研究表明，增施氮肥可增加籽粒蛋白质和氨基酸含量特别是赖氨酸、苏氨酸等必需氨基酸的含量，但蛋白质中各种氨基酸的比例则有升有降，其中第一限制氨基酸（赖氨酸）的含量降低较多[11]。

而小麦淀粉与品质的关系主要反映在淀粉与面粉和食品品质的关系上。淀粉的含量、颗粒性状等品质特性影响面粉的出粉率、白度、α-淀粉酶活性和灰分含量等。淀粉的直支比、糊化温度、凝沉性及黏度等性状影响馒头、面条和面包等食品的外观和食用品质。小麦胚乳中按重量计有 3/4 是淀粉。作为一项品质决定因素，淀粉在小麦籽粒中所占比例最大。小麦淀粉成分对小麦粉食品，特别是对面条等东方食品的品质影响极大，Toyokawa（1989）研究表明，淀粉中直支比是决定面粉黏度特性的重要因素，也是影响小麦面条加工品质的重要因素[12]。邱永和（1988）通过研究得出，淀粉中直链淀粉越少，达到峰值黏度的温度越低，热糊黏度稳定性越差，面条口感就越好[13]。张强等（2004）研究了氮肥用量对中筋专用小麦品质的影响，结果表明，增加氮肥用量可以显著增加籽粒蛋白质含量及干、湿面筋含量，但淀粉含量、直链淀粉含量、直支比、峰值黏度、稀懈值及籽粒容重等特性逐渐下降，从而达到改善制作面条的小麦籽粒品质的目的[14]。

由表 6-3 可以看出，山农 8355 随着施氮量增加，其总淀粉含量、直链淀粉含量、支链淀粉含量都呈增加趋势。济麦 20 随着施氮量增加，其总淀粉含量、直链淀粉含量、支链淀粉含量都呈先增加后减少的趋势。当施氮量为 240kg/hm² 时，其总淀粉含量、支链淀粉含量最高，显著大于不施氮和施氮较少处理。在总淀粉含量、支链淀粉含量方面，也显著大于施氮量为 300kg/hm² 的处理，表明过量施氮对提高济麦 20 的淀粉品质不利。

表 6 - 3　不同施氮量对小麦淀粉含量的影响[7]

品种	处理	总淀粉（%）	直链淀粉（g）	支链淀粉（g）	直支比
山农 8355	N0	69.97b	15.81c	54.16b	0.292b
	N120	69.69b	15.26c	54.43b	0.280c
	N180	72.06a	16.03bc	56.03a	0.286bc
	N240	72.88a	16.41b	56.47a	0.291b
	N300	74.11a	17.69a	56.42a	0.314a
济麦 20	N0	67.59c	14.80b	52.79c	0.280b
	N120	68.28c	15.37a	52.90c	0.291a
	N180	71.87b	15.40a	56.47b	0.273b
	N240	74.61a	15.19a	59.42a	0.256c
	N300	71.85b	15.06a	59.42b	0.265c

　　磷酸蔗糖合成酶是旗叶中蔗糖合成的主要酶，籽粒中蔗糖合成酶是籽粒淀粉合成途径中的第一个酶，氮肥对淀粉合成关键酶（SPS，SS）的影响，在不同品种中有不同反应。姜东和于振文等研究了施氮水平对鲁麦 22 籽粒淀粉合成的影响，认为在 210～330kg/hm² 施氮量范围内，随施氮量提高，鲁麦 22 籽粒直链淀粉、支链淀粉积累量和积累速率上升，ATP 含量及淀粉合成酶 SPS（蔗糖合成酶）、ADPGPPase（腺苷二磷酸葡萄糖焦磷酸化酶）、UDPGPPase（尿苷二磷酸葡萄糖焦磷酸化酶）、SS（可溶性淀粉合成酶）和 GBS（淀粉粒束缚态淀粉合成酶）活性均提高，因而施氮肥有利于淀粉合成[15,16]。

　　小麦籽粒灌浆物质一部分来自开花前生产但暂贮于营养器官中，在灌浆期间再分配到籽粒中的光合产物；另一部分来自开花后的光合作用，包括直接输送到籽粒中的光合产物和开花后形成的暂贮性干物质。郭文善（2001）研究表明，施氮量和追氮时期对茎鞘暂贮物（可溶性总糖、蔗糖、干物质）的积累量与输出量有一定的调节作用，在 120～360kg/hm² 施氮量范围内，施氮量越高，茎鞘暂贮物的积累量与输出量也越多，反之则低[17]；王月福和于振文等（2002）认为，适量增施氮肥有利于促进开花前小麦营养体内贮存同化物向籽粒中的运转，在灌浆前期，可溶性糖和淀粉含量都随着施氮量增多而降低，在灌浆后期才随施氮量增高而升高，进而增加粒重；但过量施用虽促进了开花后小麦的碳素同化，却不利于营养器官贮存性同化物向籽粒中的再分配，籽粒可溶性糖含量减少，影响淀粉积累，导致粒重降低[9]（表 6-4、表 6-5）。

表 6-4　不同施氮量对开花后小麦植株营养器官氮素对籽粒贡献率的影响

品种	处理	对籽粒贡献率（%）							
		合计	旗叶	倒二叶	其余叶	穗下节间+鞘	倒二节间+鞘	其余节间+鞘	穗轴+颖壳
山农 8355	N0	51.7c	5.90c	6.61b	5.51b	10.63b	6.7b	7.32a	9.08c
	N120	56.5b	5.68ab	6.76b	7.08a	11.89b	6.71b	4.84b	13.64a
	N180	53.3bc	5.33b	6.7b	6.99a	11.24b	6.48b	5.28b	11.28b
	N240	57.7ab	5.4b	6.72b	6.98a	13.18ab	7.32a	5.82b	12.35ab
	N300	61.0a	5.49b	7.63b	7.26a	14.57a	7.24ab	6.5b	12.35ab
济麦 20	N0	59.5b	6.48ab	7.32b	8.29b	11.71b	5.75b	4.57b	15.44c
	N120	61.0b	6.30b	7.31b	9.39ab	11.97b	6.18ab	4.70b	15.15c
	N180	65.2ab	5.65b	7.87b	9.99a	12.56b	5.97b	4.76b	18.61ab
	N240	65.4ab	6.30b	8.13b	9.38ab	13.76b	6.22ab	4.46b	17.19bc
	N300	75.3a	7.4a	8.92b	8.61b	18.57a	6.59a	5.43a	19.84a

注：贡献率（%）=营养器官氮素转移量/成熟期籽粒氮素积累量。

表 6-5　不同施氮量对小麦植株不同营养器官开花后干物质
总输出量对籽粒贡献率的影响

品种	处理	开花后总输出量占籽粒重的比例（%）						
		旗叶	倒二叶	其余叶	穗下节间+鞘	倒二节间+鞘	其余节间+鞘	穗轴+颖壳	合计
山农 8355	N0	1.83b	1.59c	1.37b	7.32b	2.95c	18.6a	6.90b	40.62b
	N120	1.92b	1.79b	2.55a	7.54b	3.73b	16.3b	7.13b	41.00b
	N180	1.92b	1.87ab	2.56a	7.26b	3.84b	15.6bc	8.17a	41.27ab
	N240	2.72a	2.01a	2.36a	8.21a	4.36a	13.84c	8.72a	42.21a
	N300	2.00b	1.77bc	2.00a	7.28b	4.25a	16.29b	8.31a	41.89a

38.62%的中等过量施肥区，黑龙江、内蒙古、山西、河北、河南、四川和新疆等省份属于过量施肥程度小于29.12%的低等过量施肥区。玉米高等过量施肥省份主要集中于东北地区和西南地区。可能的原因在于：东北地区作为世界"三大黄金玉米带"之一，承担着中国粮食安全的重任，玉米生产压力较大，从而导致农户倾向于过量施肥来提高产量；西南地区由于土地零碎分散、土壤质量相对较差，加上低温灾害与季节性干旱并存等客观条件的限制，玉米单产能力较低，农户需要依靠化肥的大量投入来提高产量，从而导致过量施肥程度较高。

2002—2015年玉米过量施肥程度变动趋势结果表明，全国共有16个省份，即80%（16/20）的省份玉米过量施肥程度增加。其中，河南和安徽增幅最大，均大于30%；黑龙江、吉林、辽宁、河北、山东、江苏、山西、陕西、宁夏、内蒙古和新疆11个省（自治区）增幅为5%～30%；云南、湖北和甘肃3省的增幅在5%以下。全国共有4个省份的玉米过量施肥程度下降，下降幅度由高到低依次为四川（8.31%）、广西（7.87%）、重庆（7.29%）和贵州（3.45%）。玉米过量施肥程度下降幅度较大的省份主要集中于西南地区，可能的原因在于：为保护和改善生态环境，解决水土流失问题，提高水源涵养能力，2000年以来，西南地区大力开展退耕还林、还草工程，促进农业结构调整，鼓励发展旅游农业、生态畜牧业等，这些政策的实施在一定程度上降低了化肥投入量。

二、过量施氮对夏玉米产量和籽粒品质的影响

玉米属于典型的C4植物，其高光合反应和高生物量也决定了其对氮肥的需求量较多，反应更敏感。较其他矿质营养，氮是玉米生长发育和产量形成中需求量最大的营养元素，也是限制玉米生长发育最重要的养分，即使在相对肥沃的土壤中氮肥的施用效果也很明显[9,10]。施氮能够促进玉米籽粒产量的增加，影响植株的生物量分配和玉米的收获指数。由图7-1可知，玉米产量均随施氮量增加呈二次抛物线趋势。施氮量从0kg/hm²（N0）增加到300kg/hm²

（N300）时，玉米产量逐渐增加；当施氮量增加到 375kg/hm² （N375）时，产量反而降低，其中 N300 处理的产量比对照增加 114.15％，比其他施氮处理增产 5.04％～80.78％。这说明玉米施用氮肥符合报酬递减规律，在一定范围内，玉米产量随施氮量增加而提高，但超过一定量后增施氮肥并不能使产量持续增加，反而下降。隋鹏祥等（2018）研究表明，增施氮肥能够显著增加玉米产量和籽粒氮素积累量以及地上部干物质和氮素积累量，但如果氮肥过量施用，籽粒产量和氮素积累量差异则不显著[11]。也有研究表明，施氮可以使玉米产量显著提高，但是随着氮肥用量的增加，玉米产量会表现出先增加后降低的变化趋势[12-15]。导致这一结果的原因是，在高氮条件下，由于作物生育前期冠层内透光率较低，冠层结构较不合理，导致生育后期叶片提早衰老，使后期光合性能降低，另外氮肥过量会导致氮素营养减少向籽粒的转运[16]，因此过量施氮不但起不到增产效果，还会造成肥料的浪费和对环境的污染。

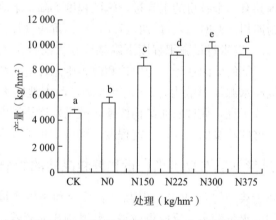

图 7-1　不同施氮量对于玉米产量的影响

蛋白质是玉米籽粒中的主要成分，在一定程度上决定了玉米籽粒品质。Pierre 认为，土壤氮素水平直接影响玉米籽粒蛋白质含量[17]。许多研究结果表明，在不同条件下施用氮肥能明显提高玉米籽粒中蛋白质含量。每公顷施氮量在 0～180kg 范围内，施氮量

（kg）与籽粒中蛋白质含量（％）的关系为：①施用有机态氮肥时，$y=8.7+0.013N$（$R^2=0.28^{**}$）；②施用无机氮肥时，$y=7.4+0.021N$（$R^2=0.41^{**}$）。施氮肥虽然增加了籽粒中蛋白含量，但是氮对不同种类蛋白质的影响程度不同。清蛋白和球蛋白不易受氮的影响，而玉米醇溶蛋白受氮肥影响显著。增施氮肥明显提高了玉米醇溶蛋白含量和它占总蛋白的比值，降低了蛋白质中赖氨酸、苏氨酸、半胱氨酸所占比例。所以，普通玉米施氮肥虽然提高了籽粒中蛋白质含量，却降低了营养价值。

三、过量施氮对饲用玉米产量和品质的影响

1. 过量施氮对饲用玉米产量的影响

长期以来，畜牧业是我国农业经济发展的重要支柱产业，但是目前我国畜牧业仍遵循传统的耗粮型养殖为主、草食家畜为辅的饲养结构，导致饲料粮的大量消耗，优质饲草料供不应求，人畜争粮的矛盾问题日益突出[18]。而我国高产优质的栽培草地和天然草地面积极少，优质饲草料严重不足，对进口饲草料依存度较高，已成为制约我国畜牧业发展的主要因素。积极发展优质饲草作物是支撑畜牧业发展的有效途径。

粮饲玉米籽粒产量随氮肥用量的增加呈先增加后降低的变化，在施氮 270kg/hm² 时达最高产量为 9 528kg/hm²，施氮处理 90kg/hm²、180kg/hm²、270kg/hm²、360kg/hm² 产量较不施氮处理分别增加了 30.2％、38.4％、45.4％和 45.1％，其中 360kg/hm² 的高氮处理籽粒产量低于中氮处理（270kg/hm²）（表 7 - 1），反映了氮肥施用过多不仅产量难以增加，反而下降。

表 7 - 1　氮肥用量对粮饲玉米农艺性状、产量、产量构成及收获指数的影响

处理	穗长 (cm)	穗粗 (cm)	秃尖长/穗长 (％)	行粒数	千粒重 (g)	籽粒产量 (kg/hm²)	增产率 (％)	收获指数
N0	14.4c	4.62b	13.3a	32.8b	233c	4 596c	—	0.442d
N1	18.5b	5.16a	9.37b	34.0b	282b	8 175b	30.2b	0.519bc

（续）

处理	穗长 （cm）	穗粗 （cm）	秃尖长/穗长 （%）	行粒数	千粒重 （g）	籽粒产量 （kg/hm²）	增产率 （%）	收获指数
N2	20.0a	5.36a	7.75c	37.5a	293a	9 528a	38.4a	0.539a
N3	19.7a	5.28a	8.71c	36.3a	290a	9 160a	45.4a	0.535ab
N4	19.3ab	5.29a	10.7a	36.5a	288ab	8 326b	45.1a	0.503c

注：N0、N1、N2、N3 和 N4 表示处理氮用量分别为 0kg/hm²、90kg/hm²、180kg/hm²、270kg/hm²、360kg/hm²。

在粮饲玉米籽粒产量（y，kg/hm²）与施氮量（x，kg/hm²）之间建立线性回归方程（图 7-2），方程为 $y = 0.093x^2 + 42.866x + 4\ 761$（$R^2 = 0.928^{**}$），得出施氮量为 230.5kg/hm² 时，粮饲玉米籽粒产量达最高值为 9 700kg/hm²。粮饲玉米穗长、穗粗、行粒数、千粒重及收获指数均随着施氮量的增加先增加后降低，呈抛物线形关系。

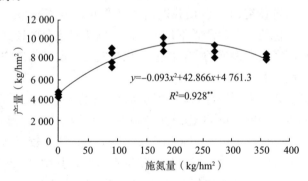

$$y = -0.093x^2 + 42.866x + 4\ 761.3$$
$$R^2 = 0.928^{**}$$

图 7-2　粮饲玉米籽粒产量与氮肥用量之间的关系

2. 过量施氮对饲用玉米品质的影响

我国作物秸秆资源丰富，玉米秸秆利用有巨大潜力，其中的粗蛋白（CP）是饲草料中总的含氮物质的统称[19]，其大小决定了青贮饲料营养品质的好坏。粗纤维是一种碳水化合有机物，饲草消化利用率和营养成分会随着粗纤维的含量增高而降低，其中中性洗涤纤维（NDF）是影响青贮玉米饲用品质高低的直接因素[20]。玉米秸秆经处理后其粗蛋白（CP）含量明显增加，粗纤维含量显著降低，可以作为家畜粗饲料使用[21,22]。中性洗涤纤维（NDF）和酸性洗涤纤维（ADF）在很大程度上影响反刍动物瘤胃的正常发酵和胃肠道健康。

研究表明，在一定范围内施用氮肥能够显著增加饲草玉米的 CP 含量，有效提高饲草玉米的营养品质，降低 NDF 和 ADF 含量，明显改善饲草玉米的适口性[23]，增加施氮量不仅可以提高玉米植物 CP 积累量，而且可以增加代谢能、产气能力和有机质消化率，降低 pH、ADF 和 NDF 的比例[24]。以氮肥作为基肥，玉米籽粒中 CP、粗脂肪和粗淀粉含量均随着氮肥施用量增加呈先增加后降低的趋势；追肥比例不同，玉米籽粒品质有差异[25,26]，但是过量施氮时，籽粒中 CP 含量随着施氮量的增加而没有显著变化（图 7 - 3）。

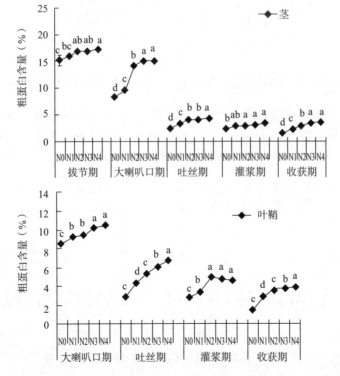

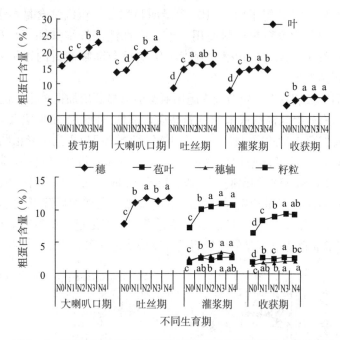

图 7-3　施氮对粮饲玉米不同生育期不同部位粗蛋白含量的影响

饲草玉米茎和叶的 NDF 含量和 ADF 含量均随着施氮量的增加而显著降低（$P < 0.05$），说明增施氮肥有利于降低 NDF 和 ADF 含量，改善和提高饲草玉米品质。而宋晋辉等（2012）研究表

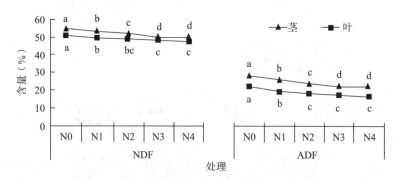

图 7-4　施氮对粮饲玉米 NDF 和 ADF 含量的影响

明追施氮肥可以显著提高青贮玉米 CP 含量，降低 NDF 和 ADF 含量，但高氮处理 NDF 和 ADF 含量均有所提高（图 7 - 4）。

四、过量施氮对糯玉米产量和品质的影响

糯玉米又称为黏玉米，是指以收获乳熟期果穗或籽粒食用或加工的玉米，是当今世界新开发的十大高档蔬菜品种之一，是玉米 9 个亚种之一。糯玉米起源于我国西双版纳一带，是一种普通玉米的突变品种。这种突变在我国很久以前就形成了，其重要表现是玉米籽粒中胚乳的淀粉全部为支链淀粉，且糯玉米的支链淀粉分子量小、消化率高，也正是由于糯玉米的淀粉具有特殊的结构，才使得糯玉米拥有了独特的风味。突变的糯玉米籽粒呈蜡质状，从外观上看糯玉米籽粒没有光泽、不透明，处于鲜食期的糯玉米皮薄、质黏、味香、甜度适中、香嫩可口，而糯玉米鲜穗煮熟后柔软细嫩、甜黏清香、皮薄无渣、口感好、营养丰富，加之采收贮藏期较长，是一种特别受欢迎的蔬菜兼杂粮作物。

糯玉米的生长和产量也显著受到施氮水平的影响。从表 7 - 2 可以看出来在一定范围内随着施氮的增加，糯玉米（吉糯 6 号）株高、穗位在逐渐增加，在施氮量为 300kg/hm² 时最高分别为 264.71cm 和 109.61cm，但再继续增加施氮量会使株高穗位逐渐降低，在施氮量为 360kg/hm² 时分别为 262.25cm 和 107.89cm。随着施氮量的增加玉米的茎粗也随之变细，在玉米植株株高穗位过高、茎粗比较细的情况下容易产生倒伏，这会造成产量下降，所以过高的施氮量并不会使玉米的产量增高，经过调查，在施氮量为 300kg/hm² 时玉米植株有倒伏情况。

表 7 - 2 氮肥用量对糯玉米乳熟期农艺性状和生理指标的影响

施氮量	株高 (cm)	穗位 (cm)	穗长 (cm)	茎粗 (cm)	叶绿素含量 (mg/g, FW)	光合速率 [CO_2, $\mu mol/ (m^2 \cdot s)$]
60	245	103	21.54	2.49	4.34	8.25
120	251	104	21.67	2.45	4.45	8.29

（续）

施氮量	株高 (cm)	穗位 (cm)	穗长 (cm)	茎粗 (cm)	叶绿素含量 (mg/g，FW)	光合速率 [CO_2， $\mu mol/$ ($m^2 \cdot s$)]
180	253	106	21.79	2.44	4.56	8.27
240	259	108	21.85	2.40	4.65	8.32
300	264	109	21.75	2.37	4.76	8.37
360	262	107	21.80	2.35	4.79	8.35

表 7-3　氮肥用量对糯玉米产量及产量构成的影响

施氮量 (kg/hm²)	秃尖 (cm)	穗长 (cm)	穗粗 (cm)	籽粒重 (g)	产量 (kg/hm²)
60	0.63	21.54	4.79	169.98	8 419
120	0.55	21.67	4.77	171.85	8 590
180	0.48	21.79	4.98	173.78	8 681
240	0.45	21.85	5.03	175.56	8 772
300	0.49	21.75	5.07	174.65	8 731
360	0.48	21.80	5.10	173.98	8 691

在一定范围内糯玉米（吉糯 6 号）随着施氮量增加，籽粒重、穗粗、穗长逐渐增大，而秃尖长度减少。但继续增加氮的含量会使籽粒重、穗粗、穗长有逐渐下降趋势，秃尖长度增大。产量也是随着施氮量的增加先升高后下降（表 7-3）。已有研究表明，皮渣与果皮柔嫩爽脆度关系密切，是影响玉米食味品质和加工品质的主要因素之一。可以看出皮渣重与各施氮水平间存在显著差异，但与 60kg/hm²、240kg/hm²、300kg/hm² 施氮量无明显差异；皮渣率、支链淀粉占淀粉总量比例与各施氮水平间无显著差异（表 7-4）；直链淀粉占淀粉总量比例随着施氮水平的升高呈现先降低后升高的趋势，而其比例升高后，也会显著影响玉米的糯性和口感（图 7-5）。

表 7 - 4　氮肥用量对糯玉米品质形状的影响

施氮量 (kg/hm²)	皮渣重 (g)	皮渣率 (%)	直链淀粉/总淀粉 (%)	粗淀粉含量 (%)	支链淀粉/总淀粉 (%)
60	1.30a	2.7a	2.75b	49.98d	97.25a
120	1.31b	2.71a	2.06d	50.45d	97.94a
180	1.33d	2.72a	1.77f	50.69c	98.23a
240	1.34c	2.73a	0.58e	51.74b	99.42a
300	1.31a	2.71a	0.56c	52.68a	99.44a
360	1.32a	2.72a	1.24a	50.57b	98.76a

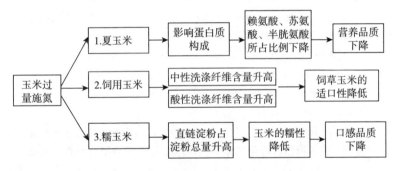

图 7 - 5　过量施氮造成玉米品质下降的原因

参考文献

[1] 杨红旗，路凤银，郝仰坤，等．中国玉米产业现状与发展问题探讨 [J]．中国农学通报，2011，27（6）：368-373．

[2] VOLLBRECHT E, SPRINGER P, GOH L, et al. Architecture of floral branch systems in maize and related grasses [J]. Nature, 2005, 436 (7054): 1119-1126.

[3] CAIRNS J E, HELLIN J, SONDER K, et al. Adapting maize production to climate change in sub-Saharan Africa [J]. Food Security, 2013, 5 (3): 1-16.

[4] RANUM P, JUAN PABLO PEA-ROSAS, MARIA NIEVES GARCIA-CASAL. Global maize production, utilization, and consumption [J]. An-

nals of the New York Academy of Sciences，2014，1312（1）.

［5］ AMIN E M H. Effect of different nitrogen sources on growth，yield and quality of fodder maize（*Zea mays* L.）［J］. Journal of the Saudi Society of Agricultural Sciences，2011，10（1）：17-23.

［6］ 王艳，米国华，陈范骏，等. 玉米氮素吸收的基因型差异及其与根系形态的相关性［J］. 生态学报，2003（2）：297-302.

［7］ 黄高宝，张恩和，胡恒觉. 不同玉米品种氮素营养效率差异的生态生理机制［J］. 植物营养与肥料学报，2001，7（3）.

［8］ 郭巧苓. 中国主要粮食作物过量施肥程度及其影响因素分析［D］. 南昌：江西财经大学，2019.

［9］ KIHARA J，HUISING J，NZIGUHEBA G，et al. Maize response to macronutrients and potential for profitability in sub-Saharan Africa［J］. Nutrient Cycling in Agroecosystems，2016，105（3）：171-181.

［10］ MACDONALD B C T，RINGROSE-VOASE A J，NADELKO A J，et al. Dissolved organic nitrogen contributes significantly to leaching from furrow-irrigated cotton – wheat – maize rotations［J］. Soil Research，2016，55（1）：70.

［11］ 隋鹏祥，齐华，有德宝，等. 秸秆还田方式与施氮量对春玉米产量及干物质和氮素积累、转运的影响［J］. 植物营养与肥料学报，2018，24（2）：316-324.

［12］ 赵靓，侯振安，黄婷，等. 氮肥用量对玉米产量和养分吸收的影响［J］. 新疆农业科学，2014，51（2）：275-283.

［13］ 吴雅薇，李强，豆攀，等. 氮肥对不同耐低氮性玉米品种生育后期叶绿素含量和氮代谢酶活性的影响［J］. 草业学报，2017（10）：191-200.

［14］ 马晓君，李强，王兴龙，等. 供氮水平对不同氮效率玉米物质积累及产量的影响［J］. 中国土壤与肥料，2017，2（268）：66-71.

［15］ 侯云鹏，尹彩侠，孔丽丽，等. 氮肥对吉林春玉米产量、农学效率和氮养分平衡的影响［J］. 中国土壤与肥料，2016，6（6）：93.

［16］ 吕鹏，张吉旺，刘伟，等. 施氮量对超高产夏玉米产量及氮素吸收利用的影响［J］. 植物营养与肥料学报，2011，17（4）：852-860.

［17］ PIERRE W H，ALDRICH S A，MARTIN W P. Advances in corn production：principles and practices［J］. Soil Science Society of America Journal，1967（31）：153-288.

［18］张英俊，任继周，王明利，等．论牧草产业在我国农业产业结构中的地位和发展布局［J］．中国农业科技导报，2013，15（4）：61-71.

［19］王爽，章建新，王俊铃，等．不同施氮量对饲用玉米产量和品质的影响［J］．新疆农业大学学报，2007，30（1）：17-20.

［20］陈丽．青贮玉米不同部位干物质量对中性洗涤纤维含量的影响［J］．安徽农业科学，2011，39（10）：5935-5936.

［21］王如芳，张吉旺，董树亭，等．我国玉米主产区秸秆资源利用现状及其效果［J］．应用生态学报，2011（6）：1504-1510.

［22］董卫民，张少敏，李凤兰，等．秸秆饲料开发利用现状及前景展望［J］．草业科学，2002，19（3）：53-54.

［23］杨小辉，王春宏，姜佰文．氮素调控对复种条件下饲用小黑麦-青贮玉米产量和品质的影响［J］．作物杂志，2011（4）：70-73.

［24］KAPLAN M，BARAN O，UNLUKARA A，et al. The effects of different nitrogen doses and irrigation levels on yield，Nutritive value，Fermentation and gas production of corn silage［J］．Turkish Journal of Field Crops，2016，21（1）：100-108.

［25］徐敏云，李建国，谢帆，等．不同施肥处理对青贮玉米生长和产量的影响［J］．草业学报，2010（3）：245-250.

［26］姜涛．氮肥运筹对夏玉米产量、品质及植株养分含量的影响［J］．植物营养与肥料学报，2013（3）：559-565.

第八章 过量施氮对油菜产量和品质的影响

油菜是我国具有传统优势的重要油料作物，也是重要的蛋白饲料来源和工业原料，对我国国民经济的发展具有重要意义[1,2]。据统计，油菜占油料作物的比重从 20 世纪 50～60 年代的 20％上升到 90 年代的 50％以上，其中 1995 年占 57.4％，种植面积居 5 大油料作物（油菜、大豆、花生、向日葵、芝麻）之首，2000 年以来超过 $7.33 \times 10^6 \text{ hm}^2$。菜籽油约占我国食用植物油消费量的 35％，菜籽饼粕约占我国植物饼粕消费量的 25％。另外，油菜是用地和养地结合的作物，种植油菜对保护甚至提高土壤肥力、控制土传病害均可起到积极作用[3-5]。因此，油菜生产对保证我国食用植物油脂和饲用蛋白质的有效供给，改善食物结构、促进养殖业、加工业和农业可持续发展等方面均有重要影响。

早在 1964 年，自加拿大的 Steefansson 和波兰的 Krzymanski 分别发现低芥酸基因资源 Lioh 和低硫苷基因资源 Bronowski 以后，加拿大首先利用这两个种质资源与常规品种杂交，于 1964 年育成世界上第一个低芥酸油菜新品种 Oro，将菜籽油中对人类有害的芥酸的含量，由原来的 44％左右降到低于 5％。在 1974 年，Steefansson 又育成了世界上第一个双低（低芥酸、低硫苷）油菜品种 Candle，将硫苷含量降低到 $30\mu\text{mol/g}$，极大地提高了油菜的经济价值，并且这类品种的菜籽中富含对人体十分有利的油酸和亚油酸，且含量从原来的 30％增加到 80％以上，营养价值大大提高。自 20 世纪 90 年代以来，我国也相继选育出秦油 2 号、蓉油 3 号等高产品种，使油菜产量取得了巨大突破，近些年杂交优质油菜的不断选育推广使油菜产量进一步提高，也使世界高产优质油菜呈现出更加广阔的前景[6]。然而，我国大部分油菜产区的油菜亩产量均低于 200kg，是长期以来一直制约总产提高的一个因素。从栽培技术方面来提高油菜产量和品质，主要有耕作制度的不断改进、化学生长调节剂和农药的利用，以及施肥量和施肥比例的不断调节等有效途径[7-10]。油菜是需氮量较大的作物之一，有研究结果表明化肥施用量的增加与油菜产量的增长呈正相关[11,12]。充足的氮素供应可有效促进油菜光合作用，增加植株干物质累积和氮素吸收，增加分枝和角果数从而提高籽粒产量，是油菜高产稳产的重要保证。然而过量地施用氮肥不但达不到增产的目的，还造成油菜品质的下降和肥料的浪费。油菜的种植分为直播油菜和移栽油菜，不同的种植方式对氮肥的响应存在显著差异，本章重点介绍过量施氮分别对移栽油菜和直播油菜产量和品质的影响。

一、过量施氮对移栽油菜产量和品质的影响

较直播油菜，移栽油菜的种植密度小，其个体生长空间大，油菜直播虽然对植株的纵向伸长影响不大，但其横向扩展却受到严重限制，对空间和资源的竞争不利于其苗期的生长发育。另外，直播油菜一般播种时间较晚，生育期短，且油菜种子直接播入田间，萌发及苗期生长受田间环境影响较大，植株发育相对较弱，抗冻害能力较差，导致个体后期发育不良，单株产量较低。而移栽油菜的播种较早，生育期较长，相比直播油菜有一个苗床培育的过程，在移栽至大田时植株个体已有一定的生物量和养分累积，对大田环境有一定的抵抗和适应能力，而且植株细胞生理生化水平较高，越冬和抗病能力较强。

1. 过量施氮对移栽油菜产量和产油量的影响

氮素是油菜一生中需要量最多的元素，在缺氮的情况下，油菜生长瘦弱，叶片数少，叶片面积小，叶色黄，营养生长不良，有效分枝、单株角果数和每角粒数都大为减少，千粒重也减轻，产量显著下降。生产上仅靠土壤提供的氮素远远不能满足油菜生产的需

要，在一定范围内化学施肥量的增加与油菜产量的增长呈正相关。目前的研究表明，油菜产量与施氮量呈正向一元二次抛物线型关系，施氮量过少或过多都难以获得高产。适量施用氮肥有利于油菜产量构建，在一定密度下，油菜籽产量高低取决于单位面积的角果数、每角粒数与千粒重的大小[13]。施肥量对单位面积有效角果数和每角粒数影响较大。随施氮量的增加，每角粒数增加，单株有效角果数先快速增加然后缓慢增加[14]。油菜主花序产量占单株产量的比例，随氮肥用量增加而下降，而油菜分枝产量占单株产量的比例则随氮肥用量增加而上升[15]。适宜氮肥用量增加油菜产量的原因主要是促进了分枝的大量生长，角果数增多[16]。另外，增施氮肥后，能够延长生育期，增加油菜分枝数，优化主茎、分枝结角数等产量相关性状。但是，施氮肥过多，容易引起油菜后期倒伏，进而影响产量。朱洪勋（1995）等研究表明，每亩施纯氮 20kg 油菜产量最高，超过 20kg 后产量明显下降[17]。郁寅良（2001）研究指出，在施纯氮 225～315kg/hm² 范围内，随着施氮量的增加油菜产量先增加后减少，在施纯氮 270kg/hm² 的基础上增加氮肥用量，对千粒重产生明显的负效应。而且过多施肥会延长生育期，影响后作，同时也浪费能源[18]。

表 8-1 表明，不同施氮量显著影响了移栽油菜（苏油 8 号）单株角果数、每角粒数，然而对千粒重的影响不明显。随着施氮水平的提高，单株有效角果数有增加的趋势，但到了一定高氮水平后有效角果数有下降的趋势；单株有效角果数以施氮量 337.5kg/hm² 条件下最多，达 408 个，显著高于 3 个低氮处理，但与施氮量 412.5kg/hm² 处理的单株有效角果数（388.6 个）差异不显著；不施氮处理的单株有效角果数最少，显著低于其他施氮处理。每角粒数在各施氮处理间的差异不显著，且随着施氮水平的提高每角粒数有先增后降的趋势，施氮量 337.5kg/hm² 处理的每角粒数最多，为 26.2 粒；同时，不施氮处理的每角粒数最少，为 19.4 粒，且显著低于其他施氮处理。千粒重则随着施氮水平的提高有增加的趋势，施氮量 337.5kg/hm² 和 412.5kg/hm² 处理的千粒重最高，

不施氮处理的千粒重最低，但在所有处理间千粒重差异不显著。移栽油菜的籽粒产量和产油量也随施氮量增加呈先增加后减少的趋势（表 8-1），籽粒产量和产油量均在施氮量 337kg/hm² 时最高，分别为 3 605kg/hm² 和 1 582kg/hm²，其次施氮量 412kg/hm² 处理，但与施氮量 337kg/hm² 处理无显著差异，其产量和产油量均显著高于施氮量 187kg/hm² 处理、112kg/hm² 处理和不施氮处理。而不施氮处理的油菜籽粒产量和产油量均最低，分别为 1 135kg/hm² 和 546kg/hm²。

表 8-1　施氮量对移栽油菜产量及产量构成因素的影响

处理	单株角果数	每角粒数	千粒重 (g)	籽粒产量 (kg/hm²)	产油量 (kg/hm²)
N1	253d	19.4d	4.24a	1 135e	546d
N2	329c	25.4a	4.45a	2 645d	1 249c
N3	357b	25.7a	4.32a	2 985c	1 349bc
N4	361b	25.7a	4.31a	3 300b	1 439ab
N5	408a	26.2a	4.61a	3 605a	1 582a
N6	388ab	25.4a	4.60a	3 515ab	1 503a

注：N1 为不施氮肥，N2 为施纯氮 112.5kg/hm²，N3 为施纯氮 187.5kg/hm²，N4 为施纯氮 262.5kg/hm²，N5 为施纯氮 337.5kg/hm²，N6 为施纯氮 412.5kg/hm²，下同。

将施氮量与籽粒产量和产油量进行回归分析发现其满足二次曲线关系，决定系数 R^2 分别为 0.987 与 0.969，均达极显著水平（图 8-1）。根据回归方程，籽粒产量和产油量最高时的施氮量分别为 352kg/hm² 和 325kg/hm²，理论最高籽粒产量和产油量分别为 3 563kg/hm² 和 1 552kg/hm²。可见，生产上移栽油菜适宜的施氮量为 325～352kg/hm²。

表 8-2 表明，油菜单株产量与单株角果数之间为极显著正相关关系（$r=0.845^{**}$），与每角粒数亦呈极显著正相关关系（$r=$

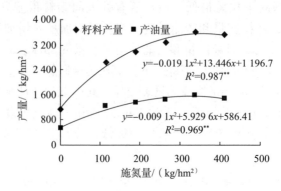

图 8-1　施氮量与移栽油菜产籽量和产油量的相关关系

0.940^{**}），尽管也与千粒重呈正相关关系，但不显著（$r=0.695$）；单株角果数与每角粒数之间呈正相关关系（$r=0.668$），与千粒重呈正相关关系（$r=0.537$）；每角粒数与千粒重呈正相关关系（$r=0.579$）。说明在高产栽培条件下，单株角果数和每角粒数对油菜的籽粒产量影响较大，而千粒重的影响很小。因此在高产的情况下，仍要主攻单株角果数和每角粒数。

表 8-2　油菜产量与产量构成因子的相关性

	每角粒数	千粒重	籽粒产量
单株角果数	0.668	0.537	0.846^{**}
每角粒数		0.579	0.940^{**}
千粒重			0.695

由表 8-3 所示，随着施氮量的提高，油菜株高和茎粗均呈增高的趋势；随着施氮量的增加，单株一次有效分枝数有先增加后减少的趋势，而单株二次有效分枝数逐渐增加，在施氮 337.5kg/hm² 处理下单株一次有效分枝数达最大值（8.4 个），在施氮 412.5kg/hm² 处理下单株二次有效分枝数达最大值（10.0 个）。由此说明，增施氮肥可以有效地增加单株一次有效分枝数和单株二次有效分枝数，但氮肥过量施用则会减少单株一次有效分枝数，在高氮条件下产量

的减少主要是由单株一次有效分枝数的减少引起的。移栽油菜的主轴有效角果数随着施氮量的增加而增加，在施氮量412.5kg/hm² 处理下最高，为98.7个；单株一次有效角果数随着施氮量的增加呈先增加后减少的趋势，在施氮量337.5kg/hm² 处理下的单株一次有效角果数最多，为229.2个；单株二次有效角果数总体上随着施氮量的增加而增加，在施氮量412.5kg/hm² 处理下最多，达102.7个；单株有效角果数为253.4～408.0个；单株有效角果数随着施氮量的增加有先增加后减少的趋势，以施氮量337.5kg/hm² 处理的单株有效角果数最多，为408.0个。因此，增施氮肥可以增加主轴有效角果数、一次分枝有效角果数和单株二次有效角果数，但当氮肥施用过量时一次分枝有效角果数的生长又会受到抑制，其单株有效角果数减少，从而使产量下降。

表 8 – 3 施氮量对移栽油菜植株性状的影响

处理	株高 (cm)	茎粗 (cm)	有效分枝数			有效角果数		
			一次	二次	主轴	一次	二次	单株
N1	171.2	1.8	7.2	4.4	62.1	150.5	40.8	253.4
N2	178.6	2.0	7.2	6.8	70.9	188.7	69.6	329.2
N3	177.6	2.0	8.0	8.2	75.7	198.4	83.1	357.0
N4	179.8	2.1	7.8	8.8	82.8	205.7	73.3	361.4
N5	193.8	2.2	8.4	9.5	85.7	229.2	93.1	408.0
N6	188.2	2.2	7.6	10.0	98.7	187.2	102.7	388.6

2. 过量施氮对移栽油菜品质的影响

油菜籽的营养品质主要体现在蛋白质、油分含量、油脂脂肪酸、油菜籽中硫苷的含量等。由于氮是形成蛋白质的基本元素之一，所以增加氮素供应可提高蛋白质含量。傅寿仲（1995）发现在一定的氮的范围内，随施氮量的增加油分含量呈下降趋势，而硫苷含量呈增加趋势[19]。油分形成与蛋白质形成之间呈相互抑制作用，因为氮是形成蛋白质的重要元素，供应充分的氮素就能增加蛋白质，而蛋白质的合成先于脂肪的合成，在蛋白质形成时，消耗了较多的光合产物，从而影响了脂肪的合成，使籽粒含油量下降。单施氮肥特别是在抽蔓后施用氮肥会增加菜籽粗蛋白含量，降低脂肪含量 $0.5\% \sim 2\%$ [20]。

而有研究表明，油菜的油脂脂肪酸组成主要受遗传基因控制，氮肥对其影响不很显著。但瑞典的一个试验发现，高氮水平会增加油菜中芥酸的比例，而降低二十碳烯酸和油酸的比例，并略微增加了不饱和的十八碳亚油酸和亚麻酸的比例。施肥水平影响油酸和亚油酸含量，但差异并不显著，高施肥水平还会提高亚麻酸的含量，但降低花生烯酸（3.1%）的含量。施肥水平对棕榈酸和硬脂酸的影响小。对于移栽油菜，如表 8 - 4 所示，随着施氮量的增加，芥酸含量呈先下降后增加的趋势；硫苷含量有随着施氮量的增加而逐渐减少的趋势，各处理间无显著差异，以不施氮处理的硫苷含量最高，为 $23.5\mu mol/g$；含油率随施氮量的增加呈逐渐减少的趋势，各施肥水平间差异显著，以不施氮处理为最高，为 48.1%，以施氮量 $412.5kg/hm^2$ 处理为最低，为 42.8%；蛋白质含量有随施氮量增加而减少的趋势，各处理间无显著差异，以不施氮处理为最高，为 38.5%，以施氮量 $412.5kg/hm^2$ 处理为最低，为 35.5%；施氮量对油菜籽的棕榈酸、硬脂酸、油酸、亚油酸含量的影响较小。因此，过多施用氮肥使移栽油菜的含油率、蛋白质含量显著降低。

表 8 - 4 施氮量对移栽油菜籽粒品质的影响

处理	芥酸 （$\mu mol/g$）	硫苷 （%）	含油率 （%）	蛋白质 （%）	棕榈酸 （%）	硬脂酸 （%）	油酸 （%）	亚油酸 （%）	亚麻酸 （%）
N1	1.09	23.45	48.14	38.49	3.70	0.15	73.59	13.02	8.49
N2	1.30	22.26	47.25	37.95	3.73	0.16	74.94	12.55	8.16
N3	1.17	20.48	45.20	36.82	3.74	0.18	74.26	12.70	7.43
N4	0.48	19.78	43.61	35.31	3.75	0.18	74.21	12.73	7.32
N5	0.70	18.72	43.89	36.05	3.72	0.18	74.27	12.64	7.22
N6	0.95	19.65	42.77	35.46	3.77	0.15	74.91	12.22	6.88

二、过量施氮对直播油菜产量和品质的影响

现阶段，我国油菜生产的同比效益下滑速度远大于水稻、小麦等粮食作物，其主因是油菜栽培费工费时，如传统的育苗移栽，油菜从种到收都需要大量的人工。目前在长江流域油菜主产区，育苗移栽对于缓解油菜和前茬作物（如水稻）的季节矛盾，高效利用光、温、水、肥资源和油菜-水稻双高产具有重要意义，然而这种精耕细作式的劳动密集型栽培模式费工费时。随着我国城市化进程加快，农村劳动力加速转移，农村青壮年劳动力缺乏，劳动力价格攀升，传统的育苗移栽方式已经难以为继，并且一些地方移栽油菜质量难以得到保证，移栽密度越来越稀（从每亩 9 000～28 000 株下降到 3 000～5 000 株）。另外，在生产上，由于水稻品种的成熟期越来越晚，一些地方油菜的播种期较适期晚播还要推迟，如长江下游一季晚稻迟至 11 月中下旬收获。因此，不能适期早播和种植密度低导致前期光温资源浪费，不利于夺取高产。由于直播油菜没有缓苗期，直播油菜的播期较育苗移栽晚 15～20d。

同移栽油菜相比，直播油菜个体发育虽然较差，但其植株种植密度高，产量形成往往依靠群体优势，其单位面积有效角果较多，以此保证产量。并且，直播油菜根系发育未受移苗时断根的影响，能持续下扎，可以进入更深层土壤，加之其密度大，直播油菜群体在地下可发育出比移栽油菜范围更广、体积更大的根系组织，形成一个庞大的根群，这样的根群结构所产生的根际面积也就更大，所能接触和利用的土壤有效养分也就更多。直播油菜根群对土壤中氮素的吸收能力明显强于移栽油菜，对外源氮素需求较少，因此，在施氮量较低时直播油菜籽粒产量要明显高于移栽油菜，而氮肥的增产效果却不明显，这也是直播油菜的适宜施氮量显著低于移栽油菜的主要原因。直播油菜的施肥原则是"以密减肥"，即通过增加植株密度的手段，提高植株地下部根系的密度和数量，形成一定的根群结构，加强对土壤养分的吸收能力，以此来减少肥料的施用量，节约资源，降低环境污染。另外，由于直播油菜主根系发达，因此抗

倒伏性能好，适于机械收获。改育苗移栽为机械条播（直播），用机械替代人工，发展机械化生产，节本高效是发展油菜的必由之路。

1. 过量施氮对直播油菜产量的影响

不同施氮量对直播油菜的农艺性状有显著影响（表 8-5）。随着施氮量的增加，直播油菜的株高、一次分枝高度、一次分枝数以及主序角果数都有显著升高趋势。当施氮量超过 360kg/hm² 时，直播油菜的株高、一次分枝高度以及主序角果数随着施氮量的增加没有显著变化，增氮效益不明显，而分枝角果数呈现降低的趋势。一次分枝数和枝角果数最大值均在 N270 水平。

表 8-5　直播油菜不同施氮量下的主要农艺性状

处理	株高 (cm)	一次分枝高度 (cm)	一次分枝数 (每株)	主序角果数 (每株)	分枝角果数 (每株)
N0	136.1c	77.1b	3.6b	51.5c	49.8c
N90	172.2b	85.6ab	5.6ab	63.3bc	94.9bc
N180	196.5a	91.9ab	7.1a	72.1ab	170.3ab
N270	203.4a	100.8a	7.6a	77.3ab	205.4a
N360	204.0a	102.4a	7.1a	84.8a	186.5a

油菜直播种植条件下，施氮处理的油菜籽粒产量显著高于无氮处理（表 8-6）。油菜籽粒产量随氮肥施用量增加而提高，但在 N180 处理时已达到较高的产量水平，继续增施氮肥，产量并没有明显增加。在产量构成因素中，单株角果数随施氮量增加表现出明显的增加趋势，但在 N270 处理时已达到其最大值。每角果粒数、千粒重对氮肥的响应不显著。

表 8-6　不同施氮量对直播油菜产量构成的影响

处理	产量 (kg/hm²)	单株角果数 (每株)	每角果粒数	千粒重 (每株)
N0	1 431c	101.3b	18.8a	3.6a
N90	2 506b	158.2b	19.9a	3.6a

（续）

处理	产量 （kg/hm²）	单株角果数 （每株）	每角果粒数	千粒重 （每株）
N180	3 222a	242.4a	19.0a	3.6a
N270	3 303.0a	282.7a	19.0a	3.7a
N360	3 391a	271.4a	18.1a	3.7a

2. 过量施氮对直播油菜品质的影响

如表 8 - 7 所示，不同施氮量对直播油菜籽粒的蛋白质含量、含油量及其主要组分有重要影响。与 N0 处理相比，增施氮肥明显提高了油菜籽粒的蛋白质含量（％），亚麻酸含量（％）也有所上升，但含油量、油酸和亚油酸含量（％）有所降低。油菜籽粒蛋白质含量（％）和亚麻酸含量（％）随施氮量增多呈线性增加趋势；油菜籽含油量（％）在 N90 处理时略高于 N0 处理，继续增施氮肥则表现为明显降低趋势，其中 N270 和 N360 两处理显著低于 N90 处理。油酸含量（％）在施氮量 $90\sim180kg/hm^2$ 时，处于较低水平，当施氮量在 N180 处理基础上继续增加时又表现出略有提高的趋势；亚油酸含量（％）以 N90 处理最低，然后随施氮量增加而略有上升趋势。

表 8 - 7　不同施氮量对直播油菜籽粒品质的影响

处理	蛋白质（％）	含油量（％）	油酸（％）	亚油酸（％）	亚麻酸（％）
N0	23.13b	43.37ab	58.33a	18.04a	6.58a
N90	20.69b	43.82a	55.52a	17.03a	6.73a
N180	23.06a	41.29abc	55.01a	17.14a	6.76a
N270	23.47a	40.93bc	55.90a	17.20a	6.92a
N360	23.67a	39.75c	57.15a	17.20a	7.04a

综上所述，在油菜缺氮的情况下，增施氮肥有利于产量和品质的提高，但是过量施氮会造成油菜植株生长过高，易倒伏，不但产量和品质降低，还不利于机械收割，同时过量施氮会造成油菜的千

粒重下降，一次有效分枝、一次有效角果数及每角粒数下降，从而造成减产（图8-2）。而过量供应氮素会大大促进籽粒中蛋白质合成，消耗较多的光合产物，从而影响脂肪的合成，使籽粒中含油量下降，同时会提高芥酸含量，降低油酸和亚油酸的比例，造成品质的下降（图8-3）。

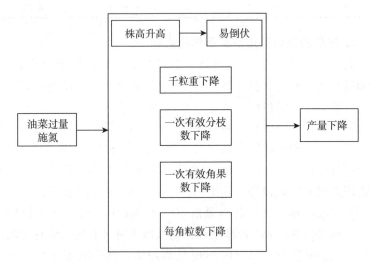

图8-2　过量施氮对油菜产量的影响

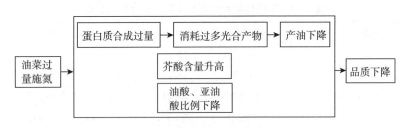

图8-3　过量施氮对油菜品质的影响

参考文献

[1] 官春云. 改变冬油菜栽培方式, 提高和发展油菜生产 [J]. 中国油料作物

学报，2006（1）：83-85.

[2] 傅寿仲，戚存扣，浦惠明，等．中国油菜栽培科学技术的发展 [J]. 中国油料作物学报，2006（1）：90-95.

[3] 王汉中．我国油菜产需形势分析及产业发展对策 [J]. 中国油料作物学报，2007（1）：101-105.

[4] 沈金雄，傅廷栋．我国油菜生产、改良与食用油供给安全 [J]. 中国农业科技导报，2011（1）：7-14.

[5] 王丹英，彭建，徐春梅，等．油菜作绿肥还田的培肥效应及对水稻生长的影响 [J]. 中国水稻科学，2012，26（1）：85-91.

[6] 邬贤梦，官春云，李枸．油菜脂肪酸品质改良的研究进展 [J]. 作物研究，2003，17（3）：152-158.

[7] 赵继献，程国平，任廷波，等．不同氮水平对优质甘蓝型黄籽杂交油菜产量和品质性状的影响 [J]. 植物营养与肥料学报，2007，13（5）．

[8] 王庆仁，PINKE．大田追施硫肥对双低油菜产量与品质的影响 [J]. 中国油料，1997，2（1）：57-67.

[9] 粟丽，洪坚平，谢英荷，等．生物菌肥对采煤塌陷复垦土壤生物活性及盆栽油菜产量和品质的影响 [J]. 中国生态农业学报，2010，18（5）：939-944.

[10] 李宝珍，王正银，李加纳，等．氮磷钾硼对甘蓝型黄籽油菜产量和品质的影响 [J]. 土壤学报，2005，42（3）：479-487.

[11] 肖圣元，汤顺章，梁华金，等．氮肥施用量对双低油菜产量和品质的影响 [J]. 安徽农学通报，2017，9（319）：58-59.

[12] 唐湘如，官春云．施氮对油菜几种酶活性的影响及其与产量和品质的关系 [J]. 中国油料作物学报，2001（4）：34-37.

[13] 李志玉，郭庆元，廖星，等．不同氮水平对双低油菜中双 9 号产量和品质的影响 [J]. 中国油料作物学报，2007，29（2）：184-188.

[14] 黄秀芳．优质油菜集约化轻型栽培技术研究 [J]. 安徽农业科学，2003（6）：931-934.

[15] 张晓燕，华春．油菜不同部位分枝籽粒生产力对氮肥反应的差异 [J]. 淮阴师范学院学报（自然科学版），2002（4）：80-83.

[16] 袁卫红，刘尊文，黄世杰，等．直播密度对杂交油菜两优 586 产量的影响 [J]. 商界·城乡致富，2002（2）：29-30.

[17] 朱洪勋，等．高产油菜营养吸收规律及施用氮磷钾对产量和品质的影响

[J]. 中国土壤与肥料，2002（5）：34-37.

［18］郁寅良，吴正贵，吴玉珍，等．密度和施肥水平对双低油菜苏油 1 号产量及分枝习性的影响［J］. 中国油料作物学报，2001，23（1）：41-45.

［19］傅寿仲，吕忠进．甘蓝型油菜十八碳烯酸的进一步改良［J］. 江苏农业学报，1995（1）：16-20.

［20］刘昌智，蔡常被，陈仲西，等．氮磷钾对油菜籽产量，蛋白质和含油量的影响［J］. 中国油料作物学报，1982（3）.

第九章 过量施氮对棉花产量和品质的影响

棉花是我国的重要经济作物之一。20 世纪 80 年代以后，我国已经成为世界最大的棉花生产国、进口国和消费国[1,2]。我国棉花产量占世界棉花总产量的 1/4 左右，进口量占 85% 以上，消费量占世界总量约 40%。棉花一直被作为重要的纺织和衣着加工原料。植棉经济效益高，综合利用增值潜力大。棉花经济产量中纤维约占 40%，棉籽占 60%。棉籽也是重要的农产品，其生产的棉籽油目前占中国食用油的 25% 左右，而棉籽蛋白是优良的植物蛋白。棉籽短绒是纺织、医药、火药、造纸等工业的上等原料，棉秆可以用来造纸、压缩板材[3,4]。据农业农村部统计，在我国长江棉区和黄淮棉区，棉花是棉农收入的主要来源，棉花收入约占棉农年收入的 60%，在新疆棉区占 80% 左右。因此，棉花生产是我国农业生产不可或缺的重要组成部分[5-7]。

氮素是作物生长所必需的大量营养元素之一，当前世界各产棉国在棉花施肥方面也以氮肥为主，棉花是含氮较高的作物，据统计，氮在棉株体内平均含量约占干重的 1.5%（0.3%～5.0%），其中棉花种子含氮 2.8%～3.5%、纤维含氮 0.28%～0.33%、茎秆含 1.2%～1.8%[8]。氮素在植物体内的分布往往集中在生命活动最活跃的部分，因此，氮素供应的充分与否在很大程度上影响着植物的生长发育状况。目前我国棉田的施肥量较大，但是施肥盲目性大，科学性差，施肥不当，施入的氮肥除部分被作物吸收利用外，其余通过各种途径从农田生态系统中损失，进入水体及大气，不仅造成氮肥资源的严重浪费，还导致了地表水富营养化、地下水污染等环境问题。特别是高产棉田，施肥用量多数偏高，往往导致棉花贪青晚熟，降低棉花产量和品质[9-11]。同时，过低的氮肥利用率加大了农业生产成本，再加上棉花生产过程较为复杂，以及国外成品棉市场的冲击，严重打击了棉农的种植积极性。因此，提高棉花产出和改善品质，除采用优良品种和先进的栽培管理措施外，提高棉花氮肥利用率和加强棉花养分综合管理技术的研究，是我国棉花生产迫切需要解决的问题，无论对于资源环境还是农业生产都有重要的意义。

一、过量施氮对棉花产量的影响

由图 9-1 可以看出施氮水平对棉花果枝数影响较大，打顶前果枝数随着生育期的推进呈增加趋势，7~8 月期间以高肥处理（每亩 30kg 纯氮）的果枝数最多，进入 8 月后中等氮处理（每亩 20kg 纯氮）果枝数迅速增加，此时各处理果枝数关系为中等氮＞高氮＞低氮，说明每亩施用 20kg 氮肥有利于棉株果枝数的生长，提高了棉花获得高产的潜力，施氮量过高或过低都不利于棉株果枝数的增加。

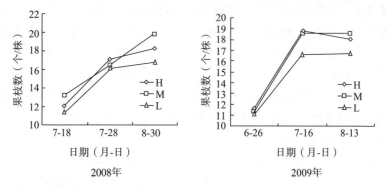

图 9-1　不同施氮量对棉花果枝数变化的影响

注：施用纯氮水平为 3 个，高（H，每亩 30kg）、中（M，每亩 20kg）、低（L，每亩 10kg）。

随着棉花生育期的推进，单株铃数先增大后减小，棉铃脱落数呈上升趋势。自棉花的生育期进入铃期后，由于棉花的养分主要提供给生殖器官。如表 9-1 所示，三个氮处理下，单株铃数分别为高氮处理 31.8 个、中氮处理 30 个、低氮处理 24 个，而单株脱落数最多为高氮处理 33.1 个、中氮处理 31.4 个、低氮处理 28.8 个。由此可见，增施氮肥在提高单株铃数的同时，也会增加单株脱落数，中等施氮有利于铃数的增多，是获得高产的基础，过量施氮和施氮不足都不利于有效铃数的维持。

表 9-1　不同施氮量对单株铃数与棉铃脱落数的影响

处理	8 月 13 日		9 月 2 日		9 月 14 日	
	棉铃数（个）	脱落数（个）	棉铃数（个）	脱落数（个）	棉铃数（个）	脱落数（个）
高氮	22.9	14.5	31.8	32.6	16.5	33.1
中氮	22.3	12.6	30.0	27.8	19.0	31.4
低氮	17.7	11.2	24.0	25.6	16.2	28.8

施肥能使棉花增产，但是过量施肥会降低棉花产量。由表 9-2 可以看出不同施氮水平下，籽棉和皮棉产量关系都为中氮处理＞高氮处理＞低氮处理，表明过多地施氮并不利于棉花产量的形成。各处理单株铃数关系为中氮处理＞低氮处理＞高氮处理，中氮处理比低氮处理多 1.1 个/株。单铃重关系为高氮处理＞中氮处理＞低氮处理，高氮处理比低氮处理单铃重增加了 0.25g/株，各处理差异不明显。增施氮肥对衣分、单铃重影响不大。施氮处理增加棉花产量主要是增加棉花单铃重和单株铃数。

表 9-2　不同施氮量对棉花产量及产量构成因素的影响

处理	单株铃数	单铃重（g）	衣分（%）	籽棉（kg/hm²）	皮棉（kg/hm²）
高氮	26.97a	5.47a	40a	3 979a	1 603a
中氮	28.19a	5.29a	39a	4 022a	1 652a
低氮	27.09a	5.22a	39a	3 816a	1 579a

二、过量施氮对棉花品质的影响

施氮水平能够影响棉花品质，适宜氮肥水平可以提高纤维长度、比强度，但是施氮量过多或过少均会导致纤维长度、比强度的大幅度下降[12]。由表9-3可以看出，在不同氮水平处理条件下，棉花伸长率、断裂比强度都是中氮处理最高、低氮处理最低，而整齐度指数和马克隆值没有显著变化，因此适量施氮肥能够促进伸长率、断裂比强度，但是过高的施氮量并不能提高棉花品质，不同处理间品质差异不明显，即纤维特性受施氮量的影响不显著。高氮处理的马克隆值超出了最佳马克隆值的范围，影响了棉花的品质。

表9-3　不同施氮量对棉花品质的影响

处理	上半部平均长度 （mm）	整齐度指数 （%）	马克隆值	伸长率 （%）	断裂比强度 （cN/tex）
高氮	28.61aA	84.57aA	5.20aA	6.55aA	29.31aA
中氮	29.32aA	84.72aA	5.08aA	6.60aA	30.04aA
低氮	28.75aA	84.93aA	5.16aA	6.46aA	29.09aA

综上所述，在棉花缺氮的情况下，增施氮肥有利于产量和品质的提高，但是过量施氮会造成棉花植株贪青晚熟，产量和品质降低。同时过量施氮会造成棉铃脱落数增加、有效棉铃数降低，从而造成减产（图9-2）。另外，供应氮素过量会导致纤维长度、比强度的大幅度下降，造成棉花纤维品质的下降。

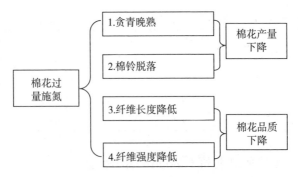

图9-2　过量施氮对棉花产量和品质的影响

参考文献

［1］杨红旗，崔卫国. 我国棉花产业形势分析与发展策略［J］. 作物杂志，2010（5）：20-24.

［2］吴志军，江东坡. 中国棉花经济的研究综述［J］. 贵州农业科学，2008，36（3）：173-179.

［3］张杰，王力，赵新民. 我国棉花产业的困境与出路［J］. 农业经济问题，2014，35（9）：28-34.

［4］李鹏程. 棉花氮经济利用及其高效机理研究［D］. 北京：中国农业科学院，2016.

［5］朱启荣. 中国棉花主产区空间布局变迁研究［M］. 北京：中国农业科学技术出版社，2008.

［6］朱启荣. 中国棉花主产区生产布局分析［J］. 中国农村经济，2009（4）：3-40.

［7］张晴. 中国棉花主产区生产条件及发展对策［J］. 中国棉花，2007，34（7）：8-10.

［8］李鹏程，董合林，刘爱忠，等. 应用 ^{15}N 研究氮肥运筹对棉花氮素吸收利用及产量的影响［J］. 植物营养与肥料学报，2015，21（3）：590-599.

［9］何浩然，张林秀，李强. 农民施肥行为及农业面源污染研究［J］. 农业技术经济，2006（6）：4-12.

［10］朱兆良. 农田中氮肥的损失与对策［J］. 生态环境学报，2000，9（1）：1-6.

［11］李杰. 施肥对环境的影响及对策［C］// 云南省"粮食高产创建"省农科院"八百双倍增工程"科技培训暨云南农业科技论坛论文集，2009：67-68.

［12］FELIX B FRITSCHI，BRUCE A ROBERTS，ROBERT L TRAVIS，et al. Response of Irrigated Acala and Pima Cotton to Nitrogen Fertilization［J］. Agronomy journal，2003，95（1）：133-146.

第十章 过量施氮对蔬菜产量和品质的影响

蔬菜生产在全国农业生产中占有举足轻重的地位。随着农业结构的战略调整，蔬菜作为重要经济作物，其种植面积、品种、数量都在进一步扩大。蔬菜产品除满足我国民众消费外，出口韩国、日本、欧洲、非洲蔬菜量逐年增加，取得了良好的经济效益。随着生活水平不断提高，人们对蔬菜的安全无害和营养品质也越来越重视，对蔬菜的要求逐步由数量型向质量型转变。随着蔬菜产量的增加，蔬菜的品质问题成为蔬菜销售的客观必要条件之一[1-4]。

在单位面积耕地上种植蔬菜比种植一般粮食作物能产生更高的价值，且蔬菜多为喜肥、耐肥作物，因而在现实蔬菜生产中通常投入大量的肥料，特别是在现代农业生产中应用最多的便是化学氮肥，化学氮肥能显著增加单位面积作物的产量和品质，提高农业经济效益，所以现代农业生产离不开化学氮肥。大量研究表明，蔬菜中的硝酸盐以绿叶类蔬菜、根茎类蔬菜含量较高[5-7]。绿叶类蔬菜含有非常丰富的维生素，而且是人们生活中非常重要的食物来源，而过量硝酸盐成为危害人体健康的潜在因素已为人所共识。如何从根本上采取行之有效的措施降低其硝酸盐含量，对于改善蔬菜的产品品质、保护人类健康有着非常重要的意义[8-10]。

一、过量施氮对蔬菜产量的影响

氮肥的用量与蔬菜的产量有密切的关系。现在国内外也主要是研究氮肥的用量对作物产量的影响，通过大量的试验表明氮肥的用量与产量呈一元二次方程式的关系：$Y = c + bX - aX^2$（$a > 0$）（X

为氮肥用量，Y 为产量)[5]。李俊良等（2003）通过对大白菜的研究得出，在一定范围内，产量随氮肥用量增加而增加，当氮肥用量到达一定值后，白菜产量不再随氮肥用量增加而增加，产量保持不变，氮肥的效率明显降低，造成肥料的大量浪费[11]。陈清等对大白菜产量的研究表明，当氮肥（N）用量超过 $180kg/hm^2$ 时，产量不再随氮肥用量的增加而增加[12]。杨竹青（1999）通过对萝卜生长的研究表明，在氮肥用量低时，萝卜的产量也很低，增加氮肥用量，萝卜产量增加，当用量增加到一定值时，萝卜产量随氮肥用量的增加而减少[13]。

二、过量施氮对蔬菜品质的影响

1. 优质的蔬菜的基本特点

品质是指某种物品的质量，这里是指蔬菜生产销售过程中蔬菜所具有的一些特点，其中包括营养品质、贮藏品质、感官品质以及卫生品质等。蔬菜的品质与其加工利用率、自身价值和人体健康都有着直接的关系，所以，蔬菜的生产不能仅以提高其产量为根本目标，还应该具有较高的营养成分、独特的口味、外观质量好、耐贮藏、保质期长、食品安全、有害成分低等特点。自 20 世纪 70 年代以来，众多农业科研机构更加重视肥料、土壤条件、病虫害对蔬菜质量的影响。植物生长过程中所需要的最大量元素就是氮元素，它同时也是植物组成的基础元素，直接影响着植物的物质转化及其生长发育，因此植物生长过程中其品质在不同方面都受到氮元素的影响与制约。

2. 蔬菜氮素营养与感观品质

蔬菜的感官品质包含蔬菜的味道、形状、颜色、尺寸、质感等。蔬菜作为商品，其价值的重要标准就是感官品质的提高与发展，同时也直接决定了销售的好坏。而蔬菜的感官品质在很大程度上受到了氮素营养状况的影响。如果氮元素供应不足，除蔬菜的生长受到不同程度影响之外，还会导致果实畸形，果蔬颜色也不能达到人们所期望的水平。以茄子为例，当植株缺氮时，花柱较为短小，花色较浅，夏季时常会有落果产生，而在冬季会有石茄产生，这是由于单性结实造成的。而当黄瓜生长过程中开花和芽分化时期氮元素供应不足时，会导致黄瓜子房弯曲而结出弯果。近 50 年来，花椰菜生产过程中花球的茎裂这一难题还不能得到很好的解决，由于有时在整个花球表面都可分布有裂痕，这在很大程度上降低了产品的外观品质。在早期的报道中，有人认为是植株由于缺硼才导致这种症状的发生，而之后大量的研究试验却否定了这个结论，证实了茎裂与施氮量有着密切的关系，在一定范围内，茎裂指数是随着施氮量的增大而增大，当施氮量继续增加到大于 $150kg/hm^2$ 时，茎裂指数开始降低，这是由于花椰菜生长过程中 $150kg/hm^2$ 是其最佳施氮量，此时的花椰菜生长最为迅速，生长速度随着茎裂指数的增加而迅速增大，因此，由于施氮量所导致的植株生长速度增加就直接引起了花球茎裂，成为产生这一症状的最主要原因。Mondy 等报道称马铃薯黑皮病同样也是由施氮量引起的，其发病率是随着施氮量的增加而增高，也随着酚类含量的增多而明显增高，而酚类物质含量是与施氮量成正比的[14]。在芹菜生长过程中如果施氮过量，芹菜的味道也会受到影响，这是由于氮过量能够减少植株中的挥发性物质含量[15]。

3. 蔬菜氮素营养与卫生品质

蔬菜的卫生质量主要是指受到化工污染和生物污染的程度。在大量施用有机肥料时，蔬菜的卫生质量以生物污染为主。现代农业生产上普遍使用杀虫剂和肥料，导致蔬菜植株内存在重金属、硝酸盐以及农药残留隐患，解决这些问题就成为提高蔬菜卫生品质的主要内容。基于联合国粮食及农业组织和世界卫生组织的规定，由中国农业科学院蔬菜研究所提出作物中硝酸盐卫生标准等级，其中总共分四级：一级，可以生食；二级，腌渍后可以生食，否则不宜；三级，只允许熟食；四级，不允许熟食。在我国一些大中型城市中，果蔬的硝酸盐含量超过了一级标准。

4. 蔬菜氮素营养与营养品质

蔬菜中的碳水化合物、蛋白质、维生素和无机盐是其营养组成的主要成分，它直接决定了蔬菜的营养价值。碳水化合物、脂肪、蛋白质等营养物质在植物体内营养含量较多，通常在每克新鲜蔬菜内含有数百毫克到几克（脂肪含量是最低的）；其次是无机盐，主要成分是钙、磷、铁等，通常含有几毫克到几十毫克；维生素包括维生素 B_1、维生素 B_2、维生素 B_3、维生素 C，除维生素 C，其他维生素含量有几十微克到几百微克不等。除此之外，衡量蔬菜品质好坏的重要指标还有产品的纤维含量和水分含量，一般来说，人们会要求蔬菜的新鲜程度较高，纤维少而水分丰富，口感和食用价值高，这样的蔬菜质量也会相对较高。由于人体中的维生素 C 大多数是由果蔬直接提供的而自身无法合成，所以维生素 C 含量成为最重要的一项指标。果蔬的种类不同维生素 C 的含量会存在很大差异，某些蔬菜在不同的生长阶段其维生素 C 含量也不尽相同。另外，糖度和氨基酸含量是影响蔬菜口感品质非常重要的指标，蔬菜收获后糖度和氨基酸的含量对蔬菜贮存和运输具有重要影响。蔬菜中硝酸盐含量是一个重要的因素，它的多少会直接影响蔬菜的质量，人体内的硝酸盐含量 80% 来自蔬菜，人体的硝酸盐含量达到较高水平时，将危害人体健康[5,6,8]。所有的蔬菜都含有硝酸盐，此外，不同类型的蔬菜种类亚硝酸盐的含量也是不一样的，如亚硝酸盐含量马铃薯>绿色食用药材>葱蒜类蔬菜>白菜类蔬菜>茄果类蔬菜。另外，即使相同品种的蔬菜之间硝酸盐含量也存在差异，同一品种蔬菜在不同生长位置上也存在差异。此外，蔬菜的品质还会由于施氮技术存在差异而受到影响。

（1）氮肥对蔬菜维生素 C 含量的影响　大量研究发现，要使得蔬菜中维生素 C 的含量增加可以通过控制施氮量以达到最佳施氮量来实现，而过量增施氮肥会使蔬菜体内的维生素 C 含量降低。对于某些绿叶类蔬菜（如菠菜等），增施氮肥有利于菠菜叶片中维生素 C 的积累，在茄果类蔬菜中适当增加氮肥施用量有助于茄果类蔬菜果实中维生素 C 含量的增长，但当施用氮肥超过一定比例时，植物体内维生素 C 含量会随着化学氮肥施用量的增加而逐渐降低[16]。另外，一些本身维生素 C 含量较高的蔬菜（如甘蓝类蔬菜），当化学氮肥施用量超过 200kg/hm² 时，其体内的维生素 C 含量会开始下降。在许多情况下，氮肥施用量过低会降低植物体内维生素 C 含量，增加氮肥施用量也会提高植物体内其他维生素的含量。

（2）氮肥对蔬菜中糖分含量的影响 施氮量对于蔬菜维生素 C 及糖含量的影响是相类似的，随着施氮量变化，这两种物质的变化趋势是大致相同的。在一定的范围内，番茄中的糖含量是与施氮量呈正相关的[5,16]，如果施氮量超过一定范围，施氮量增加能够使果蔬中的糖含量降低，比如，当氮肥量达到每亩 14kg 时，甘蓝类作物中的糖含量明显下降。一些研究表明，不使用氮肥的蔬菜，其糖含量要远远高于施用氮肥的蔬菜[17]。对施用不同氮素形态进行对比，菠菜中的水溶性糖含量，由大到小依次为尿素氮、铵态氮、硝态氮[18]。对甘蓝、黄瓜、大白菜、豆角、菠菜和花椰菜施用氯化铵，比施用尿素和硫酸铵来说其糖含量有显著增大，但番茄的糖含量则有所减少，其减少量甚至能够达到 20％左右[19]。果蔬中的糖含量会因为施用过量氯化钙而非常明显地降低，同时其品质也会随之变差[15]。

三、过量施氮对辣椒产量和品质的影响

辣椒属茄科辣椒属作物，有一年生或多年生等众多品种，别名为番椒、海椒及秦椒等。辣椒作为主要的调味蔬菜之一，全世界种植范围较为广泛，同时也因其独特的口味和丰富的营养价值深受消费者的青睐。近年来，国内外对蔬菜栽培合理施肥以及施肥对作物产量、品质等方面的影响研究较多。氮素作为作物最敏感的营养元素之一，其含量的多少与作物产量的提高和品质的改善密不可分，其施用量过多或过少都会影响作物的正常生长发育。研究表明，随着氮肥施用量的增加，辣椒营养生长旺盛，株高等明显增加。但施氮量超过一定值时，会造成辣椒落花落果、徒长，诱发病害，影响产量，同时，辣椒果实中的硝酸盐含量急剧上升，维生素 C、可溶性糖及可溶性蛋白含量下降，影响品质。

孙权等通过田间结合室内试验分析[20]，研究了设施土壤供肥特点和辣椒生长发育与需肥规律，发现辣椒稳产 51～63t/hm²，其适宜的氮肥用量为 633～750kg/hm²（图 10 - 1）。

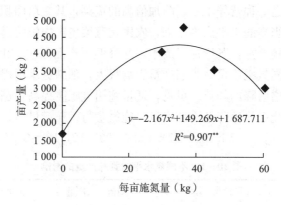

$$y=-2.167x^2+149.269x+1\,687.711$$
$$R^2=0.907^{**}$$

图 10 - 1　氮肥水平与辣椒产量之间的关系

辣椒中的维生素 C 含量居蔬菜之首，比维生素 C 含量丰富的番茄还高出 10 倍左右。黄科等研究认为钾与辣椒果实维生素 C 含量呈典型线性相关关系，氮、磷与维生素 C 含量的关系不很密切，但氮、磷、钾之间存在显著的交互作用效应[21]。最近的一些研究也能反映氮肥与其他因素间的互作，如施氮情况下辣椒果实中维生素 C 含量比不施氮情况下高，但施氮过量其含量反而会下降[22]。

辣椒素含量是评价辣椒品质的另一重要标准，目前，施氮量的多少与辣椒素合成的关系尚未形成统一的结论。黄科等（2002）研究表明，辣椒素含量与施氮量呈显著正相关关系[21]，而吕长山等（2005）研究发现，在开花后 28～42d，随着氮肥施用量的增加，辣椒素的含量下降[23]；王淑杰等（2009）发现少施氮素有利于辣椒素的积累，在 96kg/hm² 低氮水平下辣椒素积累最佳[24]，其团队后来发现，低水平的氮素促进胎座和果肉中肉桂酸、香豆酸等辣椒素合成代谢途径中间物质的合成积累，从而促进了辣椒素的合成积累[24]。

四、过量施氮对番茄产量和品质的影响

1. 不同施氮量对番茄产量的影响

番茄是一种营养丰富、附加值高的蔬菜，其栽培面积和产量均已达到相当高的水平。多年来，农民在蔬菜生产中施肥过多和偏施氮肥现象较严重，既增加了成本，又降低了产品品质。由表10-1可知，不同氮肥用量对番茄产量影响很大，随施氮水平提高，番茄产量呈先增后降的趋势。可见，适量施用氮肥能提高番茄产量，而过量施氮能极显著降低番茄产量。施氮量与番茄产量呈显著的二次回归关系（$y = -15.78x^2 + 74.423x + 297.12$，$R^2 = 0.8218$）。

表10-1　不同氮水平对番茄产量的影响

| 处理 | 小区产量（kg） | | | 平均值 | 产量 | 差异显著性 | |
	小区1	小区2	小区3	（kg）	（kg/hm²）	0.05	0.01
处理1	378.3	307.9	340.0	342.1	171 114	b	BC
处理2	454.2	397.8	390.3	414.1	207 141	a	A
处理3	368.7	348.2	383.8	366.9	183 533	b	BC
处理4	366.2	285.4	327.6	326.4	163 281	b	BC
处理5	293.1	246.2	314.6	284.6	142 371	c	C

注：处理1为不施N；处理2为施 N 225kg/hm²；处理3为施 N 375kg/hm²；处理4为施 N 525kg/hm²；处理5为施 N 675kg/hm²；各处理均施磷肥（P_2O_5）120kg/hm²。下同。

2. 不同施氮量对番茄维生素C含量的影响

维生素C在人体内不能合成，必须通过蔬菜和水果补充。维生素C有阻断亚硝胺在体内形成及消除体内过剩自由基的作用，因而能提高机体免疫力，在防癌和抗衰老方面具有重要功能。每100g番茄维生素C含量为 17.8～19.85mg，施 N 225kg/hm²＞施 N 375kg/hm²＞施 N 525kg/hm²＞施 N 675kg/hm²，且分别比不施 N 肥降低3.98％、9.77％、10.33％和9.47％。维生素C含量总体上随施氮量的增加而降低。两者之间呈极显著二次回归关系：$y =$

$0.211\ 4x^2-1.770\ 6x+21.504$，$R^2=0.966\ 9$，表明施氮能阻碍番茄维生素 C 形成。

3. 不同施氮量对番茄水溶性糖、总酸、糖酸比的影响

水溶性糖含量是评价番茄品质优劣的一个重要指标，一般含量越高，番茄口感风味越好。由表 10-2 可知，番茄水溶性糖含量随施氮水平的提高呈先升后降的趋势，以 225kg/hm² 施氮量的水溶性糖含量最高，为 3.2%；之后随氮肥用量的增加，番茄水溶性糖含量显著下降，两者呈显著二次回归关系：$y=-0.066\ 4x^2+0.329\ 6x+2.706$，$R^2=0.868\ 7$。有研究表明番茄总酸含量为 $0.223\%\sim0.275\%$，以施氮量 225kg/hm² 最低，但施氮水平对番茄总酸含量的影响不明显。由表 10-2 可知，番茄糖酸比为 $10.65\sim14.35$，施氮水平对番茄糖酸比的影响与水溶性糖基本相似，呈先增后降的趋势，以施氮量 225kg/hm² 最高。生食及用来制造果汁的果实，其食味评价的依据一般都以糖度高、酸度低为必需条件，通常糖酸比高，果实食味品质也较好。可见适量施氮能提高番茄可溶性糖含量和糖酸比，从而提高番茄食味品质。

表 10-2　不同氮水平对番茄水溶性糖、总酸、糖酸比的影响

处理	可溶性糖（%）	总酸（%）	糖酸比
处理 1	2.93	0.275	10.65
处理 2	3.20	0.223	14.35
处理 3	3.03	0.263	11.52
处理 4	2.95	0.264	11.17
处理 5	2.71	0.250	10.84

五、过量施氮对茄子产量和品质的影响

茄子品种多样、营养丰富，是在我国的种植面积仅次于马铃薯和番茄的第三大茄科蔬菜。茄子是可以多次采收的蔬菜作物，具有生长周期长、养分需求量大的特点。氮素在作物产量和品质形成中起着关键作用，合理施用氮肥是作物生产中获得较高目标产量的关

键措施。为了追求高产，过量使用氮肥是农业生产过程中普遍存在的问题，这不仅增加了农业生产成本，而且造成了环境污染。合理减少氮肥用量，提高氮肥利用率是节本增效、发展可持续农业的必要选择。

干物质是作物光合作用的产物，是衡量有机物质积累、营养丰缺的一个重要指标，也是影响作物产量的重要因素。干物质积累和分配与光照、土壤养分、营养竞争等因素有关。研究表明，增施氮肥可以显著增加茄子营养器官中（根、茎、叶）干物质的积累量及分配比例，适宜的氮肥用量能够显著增加果实干物质的积累量及分配比例，施氮量超过 $231kg/hm^2$ 后，随着氮肥用量的增加，果实干物质积累量与分配比例均减小。这与氮肥用量对茄子生长过程中的源库平衡有关，说明增施氮肥有利于干物质向营养器官中分配，降低了其在果实中的分配比例。

肥料是作物增产增收的物质保证，氮肥是影响蔬菜产量的重要因子，单果重、单株果实数及单位面积株数是茄子产量的重要构成因素。与不施肥相比，施肥处理可以显著提高茄子产量，较不施肥处理增产 $118.96\%\sim169.52\%$。氮肥用量为 $231kg/hm^2$ 时，茄子产量最高，为 $61\ 920kg/hm^2$。在生长前期，基质中的氮素供应过多，抑制了茄子生长前期根系的生长与分化，进而影响了茄子的生长，造成茄子生长发育缓慢。开花结果期，增加氮素供应显著促进了植株的营养生长，而过分的营养生长抑制了茄子的生殖生长，造成开花结果较晚、落花落果等现象。因而，氮肥用量过多反而造成茄子产量降低。黄巧义等研究显示，氮素是影响茄子产量的主要限制因素，不施氮肥的茄子产量几乎等于氮、磷、钾肥都不施的产量[25]。

硝酸盐含量是蔬菜安全卫生标准的重要评价指标之一。前人研究表明，蔬菜中硝酸盐含量高低除与蔬菜种类、光照、湿度有关，还与栽培基质中氮素含量、氮素种类有关[5]。茄子中硝酸盐含量随着氮肥用量的增加而升高，这主要是因为植物对氮素具有奢侈吸收的特点，随着氮肥施用量的增加，植物对 NO_3^- 的吸收速率增加，

当其对 NO_3^- 的同化还原速率小于吸收速率时，硝酸盐便会在植株体内积累，造成蔬菜硝酸盐含量超标。因此，适量减少氮肥用量是降低蔬菜硝酸盐含量，提高其安全品质的重要途径。适宜的氮肥用量可以促进可溶性糖向果实中转移，并且抑制可溶性糖向淀粉的转化，从而提高可溶性糖含量。但氮肥过多会促进植株的旺盛生长，减少可溶性糖向果实中的转移。施肥可以增加茄子中的维生素 C 及可溶性蛋白的含量，但是氮肥用量过多反而会造成其含量的降低。闵炬等研究结果表明，适量施用氮肥可以显著提高蔬菜产品的品质，但过量施肥却会降低非氮源营养含量，如维生素 C、总糖等的含量[26]。但是李杰等对花椰菜的研究显示，不同氮肥水平均使花球中可溶性糖含量有所降低[27]。

六、过量施氮对马铃薯产量和品质的影响

马铃薯中含有丰富的膳食纤维，有助于促进胃肠蠕动，疏通肠道。马铃薯除含有蛋白质外，还含有丰富的碳水化合物，每百克高达 16.8g，并含有丰富的维生素 C、维生素 A、维生素 B_1、维生素 B_2 和钙、磷、铁等矿物质。马铃薯也是抗衰老的食物之一，含有微量元素、氨基酸、蛋白质、脂肪和优质淀粉等营养成分，在人的肌体抗老防病中有着重要的作用[28]。

在马铃薯的生长过程中，干物质积累量能够体现出它的生长情况，而且也对马铃薯的产量有重大的影响。在不同的生长发育周期中，干物质的分配是马铃薯产量和品质的主要影响因素，比如在生育初期，块茎开始形成，此时马铃薯的叶片和茎秆都需要大量的干物质分配，才能保证在生育中后期，块茎能够迅速膨大，并在此时干物质要及时向块茎分配，这样才能有效提升产量。在这一过程中，施氮水平影响干物质的积累，也会对干物质的分配比例产生影响[29-31]。只有在生长发育期对马铃薯进行科学施氮，才能提升干物质积累，而不同的施氮水平对干物质积累有较大影响。当施氮量较低时，虽然能达到马铃薯苗期发育所需的干物质积累，但并不能达到块茎增长的要求。当施氮量较高时，会抑制马铃薯苗期生长。

而当施氮量达到最佳时，能够在马铃薯的各个生长周期提升其生长发育状况，使其营养价值最佳，实现增产。

农艺性状对马铃薯产量有一定的影响，从马铃薯的主茎数来分析，施氮量高马铃薯主茎量就少，施氮量低则主茎数量就多。施氮水平高，中薯薯块的数量相对较多，大薯薯块的数量则相对降低，而中薯和大薯决定了马铃薯的产量。由此看出，施氮水平高则马铃薯的产量增加，但也要注意马铃薯小薯的数量也在增加，这样就会造成产量下降。特别是在马铃薯块茎膨大的中后期，提高施氮水平，会使茎叶迅速膨大，极易产生各种病虫害，同时营养元素的过量累积，导致马铃薯品质下滑。施氮过量，会使马铃薯的地上部分营养更充足，会对下部的营养吸收产生不良影响，这种营养不均衡的情况会造成马铃薯病虫害发病率变高，品质也较差[32]。

通过大量的实践经验可以看出，施氮水平对黄萎病的发病率影响很大。当施氮量由 90kg/hm² 逐渐提升到 180kg/hm² 时，该病的发病率会逐渐降低；当施氮水平越来越高，从 180kg/hm² 逐渐增加到 270kg/hm² 时，黄萎病的发病率不断增大。在马铃薯的生长发育阶段，黄萎病比较活跃，当施氮量控制在 180kg/hm² 时，黄萎病的发病率是最低的。由此证明，施用氮肥能够控制黄萎病的发病率，而且其病情发展程度也受施氮水平的影响，只有科学施肥、合理控制施氮量才能遏制黄萎病对马铃薯生长发育的损害。

在无公害蔬菜生产"预防为主，综合防治"的方针指导下，应该尽量减少化肥和农药的使用。大量施用化肥不仅会改变土壤的通透性，还会改变其结构。在蔬菜生产中建议多使用有机肥，减少化肥的使用。

人们对食品的需求量越来越大，同时对其安全性要求越来越高，作为主要食品供给行业之一的蔬菜行业将会有巨大的发展空间。不管是现在还是未来，有机蔬菜、无公害蔬菜与绿色蔬菜都越来越受人们的关注和欢迎，而且随着市场国际化，我国生产的蔬菜必将走出国门，走向世界。然而，我国生产的蔬菜只有达到国际标准，才能吸引他国的进口。为了满足较高的国际标准要求，只有严格控制蔬菜种植中化肥、农药等的使用量，才能生产出高质量的蔬菜。

参考文献

[1] 张真和，鲁波，赵建阳，等．当代中国蔬菜产业的回顾与展望（上）[J]．长江蔬菜，2005（5）：6-10.

[2] 刘雪．中国蔬菜产业的国际竞争力研究 [D]．北京：中国农业大学，2002.

[3] 刘芳，王琛，何忠伟．中国蔬菜产业国际市场竞争力的实证研究 [J]．农业经济问题，2011（7）：91-98.

[4] 董文章，丁海凤．中国蔬菜产业发展的机遇与挑战 [J]．世界农业，2003（2）：7-9.

[5] 庄舜尧，孙秀廷．氮肥对蔬菜硝酸盐积累的影响 [J]．土壤学进展，1995（3）：29-35.

[6] 周泽义，胡长敏，王敏健，等．中国蔬菜硝酸盐和亚硝酸盐污染因素及控制研究 [J]．环境科学进展，1999（5）：1-13.

[7] 沈明珠，翟宝杰，东惠茹，等．蔬菜硝酸盐累积的研究——Ⅰ．不同蔬菜硝酸盐和亚硝酸盐含量评价 [J]．园艺学报，1982（4）：41-48.

[8] 周艺敏，任顺荣，王正祥．氮素化肥对蔬菜硝酸盐积累的影响 [J]．华北农学报，1989，4（1）：110-115.

[9] 王朝辉．不同氮肥用量对蔬菜硝态氮累积的影响 [J]．植物营养与肥料学报，1998，4（1）：22-28.

[10] 任祖淦，蔡元呈．化学氮肥对蔬菜累积硝酸盐的影响 [J]．植物营养与肥料学报，1997，3（1）：81-84.

[11] 李俊良，陈新平，李晓林，等．大白菜氮肥施用的产量效应、品质效应和环境效应 [J]．土壤学报，2003（2）：261-266.

[12] 陈清，吴建繁．京郊大白菜的氮素吸收特点及氮肥推荐 [J]．植物营养与肥料学报，2002（4）：404-408.

[13] 杨竹青．不同氮肥品种用量对蔬菜生长的影响 [J]．长江蔬菜，1994，4：24-25.

[14] MONDY N I，LEJA M，GOSSELIN B. Changes in total phenolic，total glycoalkaloid，and ascorbic acid content of potatoes as a result of bruising

[J]. Journal of Food Science，2010，52（3）：631-634.

[15] 张文波．氮肥对生菜产量、品质和土壤环境效应影响研究 [D]．郑州：河南农业大学，2004.

[16] 李远新，宫国义．氮磷钾配施对保护地番茄产量及品质的影响 [J]．中国蔬菜，1997（4）：10-13.

[17] JIAN W U，YUN W，JIAN H E，et al. Study on the effect，absorption and distribution of NPK on tomato in greenhouse of Beijing suburbs [J]. Plant Natrition & Fertilizen Science，2000，6（4）：409-416.

[18] 张春兰，高祖明，张耀栋，等．氮素形态和 NO_3^--N 与 NH_4^+-N 配比对菠菜生长和品质的影响 [J]．南京农业大学学报，1990，13（3）：70-74.

[19] 杨竹青．钙镁肥对番茄产量品质和养分吸收的影响 [J]．中国土壤与肥料，1994（2）：14.

[20] 孙权，郭鑫年，等．宁夏引黄灌区日光温室辣椒高产施肥量及配比研究 [J]．西北农业学报，2010（4）：110-114.

[21] 黄科，刘明月，蔡雁平，等．氮磷钾施用量与辣椒品质的相关性研究 [J]．江西农业大学学报，2002，24（3）：349-352.

[22] 张志华，周军，张海清，等．不同施氮量对辣椒产量和品质的影响 [J]．湖北农业科学，2016（16）：4110-4112.

[23] 吕长山，王金玲，于广建．氮肥对辣椒果实中辣椒素含量的影响 [J]．长江蔬菜，2005（7）：46-47.

[24] 王淑杰，何莉莉，陈俊琴，等．氮素对辣椒果实中辣椒素及相关酶的影响 [J]．西北农业学报，2009，18（3）：218-221.

[25] 黄巧义，卢钰升，唐拴虎，等．茄子氮磷钾养分效应研究 [J]．中国农学通报，2011，27（28）：279-285.

[26] 闵炬，施卫明．不同施氮量对太湖地区大棚蔬菜产量、氮肥利用率及品质的影响 [J]．植物营养与肥料学报，2009，15（1）：151-157.

[27] 李杰，贾豪语，颉建明，等．生物肥部分替代化肥对花椰菜产量、品质、光合特性及肥料利用率的影响 [J]．草业学报，2015，24（1）：47-55.

[28] 谢从华．马铃薯产业的现状与发展 [J]．华中农业大学学报（社会科学版），2012（1）：1-4.

[29] 修凤英，朱丽丽，李井会．不同施氮量对马铃薯氮素利用特性的影响 [J]．中国土壤与肥料，2009（3）：36-38.

[30] 韦冬萍,韦剑锋,熊建文,等. 马铃薯氮素营养研究进展 [J]. 广东农业科学,2016,38 (22):56-60.

[31] 焦峰,王鹏,翟瑞常. 氮肥形态对马铃薯氮素积累与分配的影响 [J]. 中国土壤与肥料,2012 (2):39-44.

[32] 周娜娜,秦亚兵,许强,等. 马铃薯氮素营养诊断及追肥推荐模型的研究 [J]. 宁夏农林科技,2004 (2):1-2.

第十一章 过量施氮对果树和甘蔗 产量及品质的影响

　　氮素是果树生长的物质基础，也是植物组织中蛋白质、叶绿素、维生素、酶及生物碱等主要有机氮化合物的基础组成成分[1]。充足的氮素供应是细胞分裂的必需条件，氮素供应量的充足与否直接关系到植物组织器官的分化与形成，并影响着树体结构的形成。近年来，国内外对果树氮素的研究主要集中于氮肥用量与果实产量、品质及果树生长发育状况的关系等方面[1-3]。另外，研究氮素在果树种植上的生理作用有助于合理调节果树组织器官的生长发育，使果树获得最高产量、最好品质，实现果树种植最佳效益，并在协调施肥与环境之间的平衡等方面都具有重要意义。大量研究表明，施用氮肥能够显著增加作物植株干物质量、产量、叶片氮含量及叶绿素含量，实现果树高产优质，提高果树种植效益[4,5]。

　　在果树稳果期，氮素缺乏与春季施氮过量均会加重果树落花落果现象，影响果实产量与品质。在氮素严重缺乏条件下，果树花芽数量急剧降低，发育不良现象严重，果实出现早熟现象、单果重下降明显，果实品质差，果实中可滴定酸含量升高、糖类物质含量下降、果实着色不均匀、果实贮藏性明显下降，长期氮素缺乏，还会影响植株正常生长发育，造成植株矮小、早衰甚至死亡[1,5,6]。Viets 研究表明，果树停止氮素供应一年后，其产量下降显著，一般达到 50％左右[7]。大量研究表明，氮肥施用过量，超出作物正常生长发育所需，其过量氮素在土壤中发生同化作用，大部分残余氮以硝态氮形式在土壤中积累，导致短期内氮素供应失调，引起果树地上部分生长过旺，树体内碳氮比例超出正常范围，果树大量的营养生长与生殖生长争夺养分，使果树生殖生长受阻，导致落花落果现象出现，严重影响果实产量[5]。此外，氮素过量不仅会影响果实产量，也会在很大程度上影响果实品质，Hee Myong 等研究不同施氮量对苹果影响时指出，尽管高氮会提高总叶面积、花芽分化数量及树体高度，但氮肥过量时会导致树体徒长、碳氮比失调，果实碳水化合物积累不均衡，影响果实正常生长发育[8]，氮素过量还会引起果树枝条生长过旺、树冠面积大幅度增加，导致果树下部果实的光照不足，果实着色差，碳水化合物形成与积累也大量减少，果实品质变差[9]。另外，氮肥过量施用还会造成氮素大量损失，在很大程度上降低了果树氮肥利用效率[10-13]。然而，在适宜的范围内，增施氮肥就能发挥其功能与优势，大量研究表明，在果树需氮量范围内，增施氮肥可促进果树花芽分化，提高果树发芽率，形成更多叶片，也能为叶片生长发育提供更加充足的养分来源，增施氮肥还能提高叶片单位面积光合速率，增加叶片总光合面积，减少落花落果，有效促进花芽分化过程，提高果实坐果率，实现果实高产优质[14-16]。

一、过量施氮对柑橘果实产量和品质的影响

我国是世界柑橘的主要产地之一，种植面积与产量均位居世界第一位。我国柑橘种类繁多、分布广泛，最主要的栽培品种为宽皮柑橘，约占栽培总面积的 55%。此外，甜橙占 30%、柚子占 10%，其他类柑橘占 5%。柑橘是我国南方地区种植面积最大的水果之一，在我国的国民经济中发挥了极其重要的作用[17]。

柑橘施氮肥要兼顾产量和品质两个方面，叶片含氮多少对产量和品质有着重要的影响。柑橘需氮量大，在一定的范围内，施氮量与产量之间呈正相关关系。温州蜜柑在施氮量低于 10 090kg/hm² 范围内，氮肥施用量越高产量越高；伏令夏橙的氮肥施用量在低于 15 045kg/hm² 的范围内，产量与氮肥用量呈显著正相关关系[18]。更进一步的研究结果表明，柑橘对增加氮肥用量的反应遵循米氏曲线，柑橘树每株施氮 0.25kg 比不施氮增产 32%，将施氮量增加到 0.5kg 则没有进一步增产[19]。日本学者 Yuda 在静冈试验研究表

明，在每亩施纯氮 0～6.753kg 范围内，施氮肥越多柑橘产量越高，施氮量和产量呈正相关关系[20]。研究结果表明，氮素是柑橘果实大小的决定因素[21]，Feigenbaum 等报道，缺氮使柑橘枝梢生长不良，造成减产或大小年，果小且回青加重；氮素施用过多，使植株徒长造成抗性下降，果皮变厚变粗，果汁含量降低，可溶性固形物减少，维生素 C 含量降低，果实着色差等[22]。刘运武等曾报道，在每株施氮 0～1.75kg 范围内，转化糖、还原糖、维生素 C 含量随施氮量的增加而提高，呈线性正相关关系（相关系数 r 分别为 0.68、0.60 和 0.72）；总酸度则随着施氮量的增加而降低，呈线性负相关关系（相关系数 $r=-0.92$）[23]。

施氮可增加柑橘单果重、总可溶性固形物含量、果汁中可溶性固形物含量，但降低糖酸比，氮素施用过高可产生厚皮及果皮色泽的推迟发育[24]，而柑橘的果汁量、糖分与土壤有效氮呈正相关关系。据欧阳浩的研究，柑橘在不施氮基础上每亩施 13.3kg 氮素，柑橘的可食部分、全糖及维生素 C 含量明显增加，而氮肥用量增加至 26.7kg 时果实品质降低[25]，通过叶片诊断柑橘品质的优劣，甜橙叶片适宜含 N 量为 2.4%～2.6%，可兼顾产量和品质两个方面[26]。

二、过量施氮对葡萄果实产量和品质的影响

葡萄作为世界性的重要经济作物，是一种重要的鲜食果品和加工原料。近年来，随着种植业结构的调整和市场经济的深入发展，中国葡萄栽培面积不断扩大。同时，在葡萄生产中面临的问题也越来越多，相当数量的葡萄果农为追求效益最大化，以增加化肥用量来提高葡萄产量，却忽略了果实品质的提高以及大量施肥对资源的浪费和环境的污染问题。大量研究表明，合理施肥是保证葡萄树体正常生长及生产优质果实的重要措施[27,28]。

徐海英认为葡萄是需氮量较高的树种。对于葡萄植株来说，适量的氮肥会促进葡萄的花芽分化，提高其坐果率，达到增产的目的。氮肥能促使枝叶繁茂、光合效应增强，并能加速枝叶的生长，

促使果实膨大，对花芽分化、产量和品质的提高均能起到重要作用[29]。研究表明，各种肥料对葡萄产量贡献率为：氮肥＞钾肥＞磷肥。宋阳等通过研究发现，随着氮肥施用量的增加，葡萄的叶面积及叶绿素含量显著增加。高志明等通过试验证明，氮的施用并不是越多越好，只有施用量合理才能提高产量，施用过量，产量反而下降。

氮作为葡萄三大营养要素之一，氮素营养条件对果树生长发育有明显影响，对果实产量的形成影响较大。李建和研究表明，施用适量的氮、磷、钾能够提高巨峰葡萄浆果可溶性糖含量[30]。高志明试验证明，氮只有施用量合理才能提高产量，并不是越多越好，施用过量，产量反而下降。施用氮可促进植株营养生长，枝叶数量增多，叶面积增大，树势增强，葡萄产量提高[31]。过量施用氮因消耗大量的碳水化合物而使葡萄品质下降。同时，氮施用过量会使枝叶徒长，叶面积过大，叶片浓绿，病害易发生，果实品质降低。

周显骥通过试验对不同时期施用氮和谢花后不同氮施用量的研究，探讨了氮施用方法和氮素营养对巨峰葡萄产量和品质的影响，结果表明，春施氮造成新梢过旺生长，造成落花落果现象明显，氮在谢花后施用，落花落果减轻，巨峰葡萄的产量和品质有所提高[32]。

三、过量施氮对甘蔗果实产量和品质的影响

甘蔗原产于热带和亚热带地区，在分类学上属于真核植物界被子植物门单子叶植物纲禾本目禾本科甘蔗属。甘蔗是迄今为止大田中生物量最大的作物，具有吸肥多、生长期长的特点。生产蔗糖的原料主要有两种糖料作物，即甜菜和甘蔗。在世界范围内，食糖总产量中从甘蔗中提取的蔗糖约占 75%，而我国占有绝对位置，达到 90% 以上。蔗糖是安全的营养丰富的天然甜味剂，可以增加人机体 ATP 的合成量，有助于蛋白质的合成和体质的增强。除此之外，甘蔗还可以作为优质饲料、能源作物、食用菌培养料和多种工业材料，对轻工业和农业生态有良好作用。施肥的负面影响却不断

表现出来。当前，中国的甘蔗种植主要还是在旱坡地，其土壤的保肥和保水能力很差，而且大多处于雨热同季地带，土壤的养分严重流失，化肥利用率很低。因此，人们在应对氮缺乏问题，就是持续大量施用氮肥，但是每年作物不能吸收的氮肥量竟达 1 300 万 t。频繁过量地施用氮肥，造成氮素利用率低且环境污染严重问题，而氮肥在甘蔗中的生产投入占其总生产资料投入的 25% 左右，我国甘蔗施氮水平（5 007kg/hm^2）为世界平均水平两倍之上，远超了其他国家。据国内统计，每产 1t 甘蔗则需要从土壤中吸取 1.5～2kg 氮素[33]，然而，氮肥的不断增加投入与甘蔗产量的提高并不呈直线线性关系，在过去的二三十年里，我国南方蔗区氮肥施用量翻倍地增加，而甘蔗产量提升并不明显。淋溶损失是造成土壤氮素损失的主要原因，甘蔗是热带亚热带作物，热带与亚热带地区土壤养分因降雨量大更易流失，有数据显示施入的氮肥中只有 30% 左右被甘蔗吸收利用，不断提高氮肥用量也会显著增加氮素在土壤的残留，尤其是 0～10cm 土层[34]，而甘蔗在正常的深耕培土栽培条件下根系分布较深，不利于甘蔗对氮的吸收。

各个时期甘蔗的生长都会受到氮肥的影响。张跃彬等研究报道苗期氮肥量对出苗数量有影响，在施氮 253.0kg/hm^2 时，出苗数量达到最高水平，高于或低于 253.0kg/hm^2，出苗数量都减少。苗期，甘蔗需氮迫切，但需氮量少，大都依靠种茎的营养来提供。氮是甘蔗从土壤中获取的重要营养物质，氮素在一定程度上可以增加甘蔗的分蘖、生长速度和有效茎数以及单茎重。

甘蔗品质是甘蔗生产上重要的经济指标。蔗糖含量是原料甘蔗最重要的经济指标之一，也是甘蔗高产高糖栽培的最终目标之一，而纤维分含量、蔗汁锤度、蔗汁重力纯度及蔗汁还原糖含量是评价甘蔗品质的常用指标。研究表明，适量增施氮肥有利于提高甘蔗产量和品质。如施氮量 180kg/hm^2、360kg/hm^2、540kg/hm^2 的处理，甘蔗的产量随着氮肥施用量的增加而增加，而以施氮量 360kg/hm^2 处理的蔗糖分和甘蔗产糖量最高，且各施肥水平间没有显著差异。甘蔗品质因品种和施氮量的不同而不同，但均在施氮

300kg/hm² 时最佳。另外，甘蔗的产量及含糖量对施氮水平的响应因品种而异，如有研究得出不同耐低氮胁迫能力的品种中，耐低氮能力强的品种其产量及含糖量更高锤度是甘蔗品质最直观的指标，氮水平与甘蔗锤度存在负相关关系，明显地表现出随着氮肥施用量增加而下降，而且不同甘蔗品种表现趋势一致。

果树和甘蔗种植业在长期的种植过程中，目前还采用习惯性施肥方法与比较落后的养分管理措施，一直缺乏科学的施肥措施与果园管理技术措施，导致养分利用效率低，大量元素肥料流失现象严重，同时，不合理的施肥也对土壤质量产生了影响，土壤养分变异系数逐年扩大。我国果树和甘蔗种植业虽然已经形成一定的规模，但还存在一些问题：①单位面积产量较低。虽然我国果树和甘蔗的种植面积及产量均居全球之首，但是单位面积产量却很低。主要是由于生产技术水平落后以及管理科技含量不高。②成熟期过于集中，人均占有量低。③机械化水平低。由于一家一户的种植模式不利于机械化发展，另外，传统的种植模式导致种植密度过高，不利于机具通行，从而造成了我国机械化水平低。

参考文献

[1] 李文庆，张民，束怀瑞．氮素在果树上的生理作用 [J]．山东农业大学学报（自然科学版），2002 (1)：96-100.

[2] 杨婷婷，王庆惠，陈波浪，等．氮肥运筹对库尔勒香梨产量和品质的影响 [J]．北方园艺，2018 (8)：42-47.

[3] 崔兴国，范玉贞．氮肥用量对鸭梨产量与品质的影响研究 [J]．现代农村科技，2012 (19)：48-49.

[4] 李文庆，樊小林，林常华．氮素在果树成花过程中的作用 [J]．土壤通报，2007，38 (6)：1203-1207.

[5] 彭福田．氮素对苹果果实发育与产量、品质的调控 [D]．泰安：山东农业大学，2001.

[6] 曾骧，韩振海．果树叶片氮素贮藏和再利用规律及其对果树生长发育的影响 [J]．中国农业大学学报，1991，4 (2)：97-102.

［7］ VIETS J R, et al. The plant's need for and use of nitrogen ［J］. Soil Nitro-gen, 1965, 10: 503-549.

［8］ RO H M, PARK J M. Nitrogen requirements and vegetative growth of pot-lysimeter-grown 'Fuji' apple trees fertilized by drip irrigation with three ni-trogen rates ［J］. Journal of Horticultural Science & Biotechnology, 2000, 75 (2): 237-242.

［9］ 曾艳娟, 高义民, 同延安. 氮肥用量对红富士苹果叶片和新生枝条中氮营养动态的影响 ［J］. 西北农林科技大学学报（自然科学版）, 2011, 39 (2): 197-201.

［10］ 张大鹏, 姜远茂, 彭福田, 等. 滴灌施氮对苹果氮素吸收和利用的影响 ［J］. 植物营养与肥料学报, 2012, 18 (4): 1013-1018.

［11］ 李红波, 葛顺峰, 姜远茂, 等. 嘎拉苹果不同施肥深度对^{15}N-尿素的吸收、分配与利用特性 ［J］. 中国农业科学, 2011 (7): 1408-1414.

［12］ 李付国, 孟月华, 贾小红, 等. 供氮水平对"八月脆"桃产量、品质和叶片养分含量的影响 ［J］. 植物营养与肥料学报, 2006 (6): 918-921.

［13］ 郭英燕. 草莓^{15}N 吸收利用特性及氮对果实成熟生理进程的影响 ［D］. 泰安: 山东农业大学, 2003.

［14］ 张绍铃. 施氮量对不同树势红富士苹果生长和果实品质的影响 ［J］. 河南农业科学, 1993 (5): 30-32.

［15］ 汪景彦. 关于提高果品质量的建议 ［J］. 北方果树, 1997 (1): 3-5.

［16］ 汪景彦. 提高苹果外观质量新技术 ［J］. 果树学报, 1995 (3): 200-202.

［17］ 邓秀新. 我国无核柑橘类型选育研究进展 ［J］. 中国果业信息, 1997 (1): 13-14.

［18］ 刘孝仲, 赖毅, 龙钦贤. 伏令夏橙后期落果期间蛋白质、氨基酸含量变化 ［J］. 华南农业大学学报, 1985, 6 (3): 9-16.

［19］ WEINERT T L, THOMPSON T L, WHITE S A. Nitrogen Fertigation of Young Navel Oranges: Growth, N Status, and Uptake of Fertilizer N ［J］. Hortscience A Publication of the American Society for Horticultural Science, 2002, 37 (2): 334-337.

［20］ YUDA E, HIRAKAWA M, NAKAGAWA S, et al. Fruit set and devel-opment of three pear species induced by gibberellins ［J］. Acta Horticultu-rae, 1983 (137): 277-284.

［21］ 陈守一, 彭玉基, 杨再英. 提高柑橘果实品质的 NPK 平衡施肥研究

[J]. 耕作与栽培，2001（2）：51-52.

[22] FEIGENBAUM S, BIELORAI H, ERNER Y, et al. The fate of ^{15}N labeled nitrogen applied to mature citrus trees [J]. Plant and Soil, 1987 (97)：179-187.

[23] 刘运武. 施用氮肥对温州蜜柑产量和品质的影响 [J]. 土壤学报，1998 (1)：124-128.

[24] OBREZA T A, SCHUMANN. Keeping Water and Nutrients in the Florida Citrus Tree Root Zone [J]. Horttechnology, 2010, 20 (1)：67-73.

[25] 欧阳浩. 目前发展我区柑橘生产必须培育无病苗木 [J]. 广西植保，1989（3）：36-38.

[26] MENGE J A, et al. Mycorrhizal dependency of several citrus cultivars under three nutrient regimes [J]. New Phytologist，1978.

[27] 田淑芬. 中国葡萄产业态势分析 [J]. 中外葡萄与葡萄酒，2009（1）：64-66.

[28] 罗国光. 中国加入 WTO 后葡萄产业面临的挑战和对策——兼论中国葡萄产业发展战略 [J]. 中外葡萄与葡萄酒，2003（5）：8-12.

[29] 徐海英，闫爱玲，张国军，等. 葡萄标准化栽培 [M]. 北京：中国农业出版社，2007.

[30] 李建和，刘淑欣，陈克文. 氮钾营养对葡萄生长及抗病性的影响 [J]. 中国南方果树，1999（1）：41-42.

[31] 高志明，闻杰. 氮磷钾配施对红提葡萄产量和品质的影响 [J]. 中国南方果树，2011（3）：81-82.

[32] 周显骥. 巨峰葡萄优质栽培技术措施探讨 [J]. 湖南农业科学，2005 (5)：31-32.

[33] 郭家文，张跃彬，刘少春，等. 云南昌宁蔗区不同耕层土壤养分的垂直分布 [J]. 土壤通报，2007（6）：34-37.

[34] 韦剑锋，韦冬萍，陈超君，等. 不同氮水平对甘蔗氮素利用及土壤氮素残留的影响 [J]. 土壤通报，2013，44（1）：168-172.

第十二章 过量施氮对茶叶和烤烟 产量及品质的影响

施用化肥是人类提高粮食产量的重要手段，但是化肥尤其是氮肥的利用率低、损失量大，不仅造成资源浪费，对环境造成污染，而且对人类的健康也构成了威胁，这已是不容忽视的事实和亟待解决的普遍问题[1,2]。尤其是近年来，农业上施用化肥造成的环境污染已经引起了人们的重视。目前，美国等一些发达国家的化肥利用率为50%～55%，而我国仅为35%左右，其中氮肥为30%～35%、磷肥10%～20%、钾肥30%～50%[3]。本章主要介绍了过量使用氮肥对茶叶和烤烟的产量和品质造成的影响。

一、过量施氮对茶叶产量和品质的影响

在茶树生产过程中，施肥具有十分重要的作用，据联合国粮食及农业组织对世界主要产茶国中国、印度、斯里兰卡和肯尼亚四国的调查表明，1970—1992年，肥料投入对茶叶增产的贡献率高达41%，超过土地（25%）和劳动力（8%）的贡献率。由于肥料在提高茶叶产量和品质中的特殊地位，施肥已成为茶园管理最重要的常规技术之一，其中氮肥具有极其重要的作用[4-7]。

施用氮肥对茶叶生物产量起主要作用[8]。随着施氮量的增加，茶树芽叶形成力不断增强，其新梢总数及密度等产量构成因子得到有效提高。茶树以幼嫩芽叶为经济产物，其生长发育具有较强的季节周期性，而且萌发的时期、速度和强度等与茶叶的产量及品质密切相关。施氮量不足时，树势衰弱，叶色枯黄无光泽，芽叶细小，对夹叶大量出现，叶质粗硬，叶片提早脱落，开花结实较多，严重影响其产量和品质。施氮对茶叶产量的影响，通常呈二次抛物线形

变化，其中适量施用氮肥与茶叶产量呈显著的正相关关系[9]。潘根生（1991）研究表明，春、夏茶芽中氨基酸、咖啡碱含量与施氮量呈正相关关系[10,11]。夏建国等研究表明，茶多酚的含量与尿素的用量表现出极显著的负相关关系[12]。伍炳华等（1991）研究表明适量的施氮对茶树产量和品质均有较好的促进作用，施氮后新梢叶片中的硝酸还原酶活性提高，叶绿素含量和含氮化合物均有增加[13]。杨贤强等（1992）研究也表明茶树施用铵态氮有利于叶绿素、氨基酸和咖啡碱等含氮化合物积累及产量的提高。当施氮达到某一水平时（该值随土壤肥力变化而变化），继续增加施氮量，芽叶形成力不变，有时产量反而会下降，也会使茶叶品质降低，使茶树产生肥害，而肥害又只能通过自身的生长释放才能解除[14]。

适量施氮可明显地促进根系生长，增强根系在土壤中的分布范围和深度，提高顶芽和侧芽的萌发数量，从而提高茶叶的产量。阮建云（1999）研究表明施氮肥能显著促进碳水化合物向新梢分配，增强新梢吸水能力，缩短叶片和叶芽展开时间，从而增加茶叶产量[6]。由表 12-1 可以看出，对于茶的产量而言，并非施氮量越高越好，茶产量随着施氮量的增加呈现抛物线形变化，且茶园施氮量在 $700 \sim 800 kg/hm^2$ 之间时，茶的产量维持在较高的水平。

表 12-1　不同施氮水平对于茶叶产量（kg/hm^2）的影响

茶季	施氮量（kg/hm^2）	重复			平均值	增长率（%）
春茶	0	3 829	3 815	2 535	3 393±743d	—
	172.5	5 829	4 854	4 670	5 118±623c	51
	345	5 649	6 530	4 717	5 632±907bc	66
	690	7 068	7 745	6 065	6 959±845a	105
	1 035	6 286	6 727	5 585	6 199±576ab	83
夏茶	0	1 282	2 174	1 637	1 698±449c	—
	172.5	1 272	2 350	3 589	2 404±1159bc	42
	345	4 011	5 318	7 147	5 492±1575a	224
	690	3 375	4 867	4 326	4 189±755ab	147
	1 035	3 926	4 819	8 867	5 871±2633a	246

（续）

茶季	施氮量 （kg/hm²）		重复		平均值	增长率 （%）
秋茶	0	1 669	2 185	3 216	2 357±788b	—
	172.5	3 288	2 733	964	2 328±1 214b	0
	345	4 901	4 432	5 045	4 793±321a	103
	690	4 254	6 654	4 415	5 108±1 342a	117
	1 035	3 132	4 052	5 328	4 171±1 103ab	77
年总	0	6 780	8 174	7 388	7 447±699b	—
	172.5	10 389	9 937	9 223	9 850±588b	32
	345	14 561	16 280	16 909	15 917±1 215a	114
	690	14 697	19 266	14 806	16 256±2 607a	118
	1 035	13 344	15 598	19 780	16 241±3 266a	118

　　氮是茶树中含量最高且最重要的矿营养元素之一，是组成氨基酸、蛋白质、咖啡碱、核酸、叶绿体的主要元素，是茶叶品质的重要组成部分，对茶叶的品质形成具有重要作用。由试验得出，春、夏、秋茶的游离氨基酸含量随施氮量的增加而表现出先上升后下降的趋势，呈现抛物线形（表 12 - 2）；不同施氮水平处理对各茶季咖啡碱含量总体表现为随着施氮量的增加而先升高后降低再升高，均以 1 035kg/hm² 处理咖啡碱含量最高，172.5kg/hm² 处理最低（表 12 - 3）。前人研究结果表明，多酚类物质的含量与氮肥用量呈负相关关系，因为氮素过多可能会使光合作用产生的碳水化合物大部分合成蛋白质，抑制一部分糖类向多酚类转化（表 12 - 4）。对三个季度茶叶的茶多酚含量进行分析发现，低氮水平有利于茶多酚的形成，茶多酚含量随施氮量的增加而降低。

表 12-2 不同施氮水平对于茶叶游离氨基酸含量（％）的影响

茶季	施氮量 (kg/hm²)	重复			平均值
春茶	0	2.61	2.71	2.70	2.67±0.06c
	172.5	3.35	3.22	3.65	3.41±0.22b
	345	3.90	3.97	4.11	3.99±0.11a
	690	3.29	3.32	4.00	3.54±0.40b
	1 035	3.40	3.14	3.24	3.26±0.13b
夏茶	0	2.54	2.58	2.45	2.52±0.07d
	172.5	3.14	3.34	3.27	3.25±0.10b
	345	3.52	3.68	3.86	3.69±0.17a
	690	3.10	3.21	3.28	3.20±0.09b
	1 035	2.94	2.97	3.02	2.98±0.04c
秋茶	0	2.65	2.71	2.72	2.69±0.04c
	172.5	3.21	3.23	3.33	3.26±0.06b
	345	3.52	3.70	3.55	3.59±0.10a
	690	3.56	3.74	3.64	3.65±0.09a
	1 035	3.38	3.22	3.23	3.28±0.09b

表 12-3 不同施氮水平对于茶叶咖啡碱含量（％）的影响

茶季	施氮量 (kg/hm²)	重复			平均值
春茶	0	3.55	3.7	3.73	3.66±0.10d
	172.5	4.24	4.64	4.66	4.51±0.24b
	345	4.06	4.01	4.04	4.04±0.03c
	690	3.83	3.82	3.89	3.85±0.04cd
	1 035	4.72	4.78	4.74	4.75±0.03a

（续）

茶季	施氮量 （kg/hm²）	重复			平均值
夏茶	0	3.76	3.74	3.71	3.74±0.03c
	172.5	3.82	3.77	4.02	3.87±0.13bc
	345	3.94	3.89	3.98	3.94±0.05b
	690	3.97	3.82	3.83	3.87±0.08bc
	1 035	4.60	4.37	4.48	4.48±0.12a
秋茶	0	3.72	3.76	3.69	3.72±0.04d
	172.5	3.99	4.05	3.98	4.01±0.04b
	345	3.90	3.99	3.96	3.95±0.05b
	690	3.82	3.83	3.89	3.85±0.04c
	1 035	4.32	4.36	4.39	4.36±0.04a

表 12-4 不同施氮水平对于茶叶茶多酚含量（％）的影响

茶季	施氮量 （kg/hm²）	重复			平均值
春茶	0	24.39	26.01	27.49	25.96±1.55a
	172.5	25.44	26.7	29.55	27.23±2.11a
	345	20.81	24.1	32.81	25.91±6.2a
	690	24.01	21.79	23.05	22.95±1.11a
	1 035	26.02	22.3	25.08	24.47±1.93a
夏茶	0	29.69	26.47	25.39	27.18±2.24ab
	172.5	31.45	29.94	28.27	29.89±1.59a
	345	20.9	25.28	24.53	23.57±2.34b
	690	27.99	25.66	26.9	26.85±1.17ab
	1 035	23.27	23.16	24.49	23.64±0.74b

（续）

茶季	施氮量 （kg/hm²）	重复			平均值
秋茶	0	24.31	24.18	24.64	24.38±0.24a
	172.5	20.79	20.92	15.16	18.96±3.29a
	345	26.36	24.67	23.61	24.88±1.39a
	690	21.12	21.66	22.67	21.82±0.79a
	1 035	18.46	14.45	28.17	20.36±7.05a

茶氨酸（Theanine）是茶树中一种比较特殊的在一般植物中罕见的非蛋白质氨基酸，是茶树中含量最高的游离氨基酸。茶氨酸是由一分子谷氨酸与一分子乙胺在茶氨酸合成酶作用下，在茶树的根部合成的。茶氨酸能缓解茶的苦涩味，增加甜味。生长季节，茶氨酸能迅速运输到地上部分生长点，是参与氮素代谢的一种重要化合物，其合成与分解与茶树的呼吸代谢和某些物质的代谢有关，并与茶叶品质的形成和茶树碳氮代谢的调节和控制有关。

茶氨酸主要是在根部合成聚集，翌年春梢开始萌发时，茶氨酸由根部输送到新梢。杨贤强（1982）研究表明在茶树根系与新梢的含氮量在年发育周期内的生育活动表现出明显的相互交替现象，当新梢停止生长时，多余的碳水化合物可以提供根系生长或储存于根系中，供下一轮新梢生长发育，茶氨酸累积需要时间较长，所以春茶的茶氨酸含量明显高于夏茶和秋茶的茶氨酸含量[14,15]。由图12-1可以看出，春茶的茶氨酸含量随施氮量的增加而增加，表现出明显的抛物线形，当达到临界值时开始下降，说明过量的氮抑制茶氨酸的合成；夏、秋茶由于环境影响因子影响较大，茶氨酸含量变化规律不太明显，夏茶茶氨酸含量随施氮量的增加而增加；秋茶以690kg/hm²处理的茶氨酸含量最高，春茶的茶氨酸含量明显高于夏、秋两季茶。已有研究表明，春茶生长所需的氮素，有27％是新芽梢萌发后从根部吸收的，其余的73％是茶树体内储存氮的再利用；另据浙江杭州茶区的研究表明，春茶期间吸收的氮中有

94％被输送到地上部分供新梢等生长，且在年发育周期内，一般春梢生长速度较快、生长量较高，品质相对较好，夏、秋梢生长速度相对较慢，生长量和品质也较低。

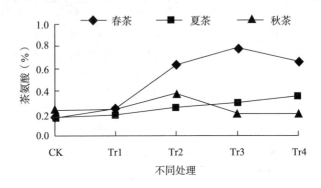

图 12 - 1　不同施氮水平对茶氨酸含量（％）的影响

注：CK、Tr1、Tr2、Tr3、Tr4 分别表示施氮量为 0kg/hm²、172.5kg/hm²、345kg/hm²、690kg/hm²、1 035kg/hm²。

由此说明，在茶园生态系统中，根据茶树在不同的生长期对氮的需求量，探求茶园最佳施氮肥量，对于提高氮肥利用率、保护环境和发挥氮肥的最佳生物效应均具有极其重要的意义。

二、过量施氮对烟草产量和品质的影响

烟草是我国主要经济作物之一，虽然种植面积只占总耕地面积的千分之十左右，但其经济价值较大，对发展国民经济和满足人民生活需要，都起着重大的作用。我国烤烟的种植面积和总产量都居世界第一位，全国有 26 个省区的 1 741 个县市种植烟草，但出口量仅占世界的 3.5％；卷烟产量占世界的 32％，出口量仅占世界的 1.8％。整个行业的效益与世界著名烟草企业的差距较大。烟叶质量不高，烟草的可用性低是我国烟叶出口比例较低、效益较差的主要原因[16-19]。

氮素营养对烟草的产量和品质都有显著的影响。在氮素缺乏的条件下，烟叶产量低，叶片小而薄，颜色浅，油分不足；烟叶中总

氮和烟碱含量低、还原糖含量高，香气不足，劲头小，吃味平淡。氮素过量时烟叶产量高，叶片大而厚，颜色深，油分少，弹性差；烟叶中总氮和烟碱含量高，还原糖含量低，杂气重，劲头和刺激性大，吃味辛辣，香气品质也变差。在氮素用量适宜的情况下，烟叶产量适宜且稳定，调制后烟叶厚薄适中，颜色橘黄，油分足，弹性强；烟叶总氮、烟碱、还原糖等化学成分含量适宜，比例协调，香气质好，香气量足，劲头适中，杂气和刺激性小，烟叶外观品质和内在品质优良。一般认为施氮量与烤烟叶片中总氮、烟碱含量呈正相关关系，与还原糖、淀粉含量呈负相关关系[20-23]。

韩锦峰研究发现，随着氮肥用量的增加，烤后烟叶中总氮、蛋白质、烟碱、钾的含量增加，而绿原酸、总糖、还原糖的含量降低。烟叶中烟碱、还原糖含量及全氮与它们之间的比例关系同烤烟的香吃味和吸感有密切关系，是衡量烤烟内在品质的常用化学指标[24]。最常用的指标包括氮/碱、糖/碱等。试验表明，蛋白质、总氮、烟碱等化学指标与劲头、浓度等感官质量指标呈明显正相关关系。糖/碱、总糖等化学指标与香气质、香气量、杂气、刺激性和余味等感官质量指标呈明显正相关关系，而与劲头、浓度等感官质量指标呈明显负相关关系。烤烟指标氮/碱一般以 0.6~1 之间较好，糖/碱以 10∶1 左右为佳。据报道，移栽后烟苗缺氮发生越早，糖碱比越高。在烟株生长的某个时期发生缺氮胁迫，则该阶段叶片中还原糖含量升高、生物碱含量降低。史宏志研究发现，碳氮代谢强度和协调程度对烟叶的生长发育和决定烟叶产量品质各类化学成分的形成转化有重要影响，直接或间接关系到烟叶产量和品质的提高。碳氮代谢强度不同会导致烟叶内部有机化合物含量不同，从而影响烟草的质量和可用性[25,26]。韦翔华通过田间试验发现，随着氮的施用量增加，单叶重和产量得到提高。然而氮过量，产量不但不再提高反而会下降，说明氮过低或过高对烟草产量和单叶重都有明显的影响。同等施氮条件下，单叶重和产量随施钾量增加而增大[27]。Weybrew 等研究了不同水肥条件下，烟株生长期间硝酸还原和淀粉积累两个生理过程的作用，指出决定烟草优质的关键是烟株从硝酸盐还原代谢适时过渡到淀粉积累代谢，在正确施肥和适量水分条件下，这种过渡大约在开花期发生，可保证烟叶成熟良好、品质优良、化学成分协调、糖碱比例平衡。优质烟的生产应该使烟叶在适当发育期，及时由以氮代谢和碳的固定和转化为主转变为以碳的积累代谢为主[28]。苏德成指出，烟株吸收氮素总量的95%，在开始现蕾时完成。若此后烟株继续吸收氮素总量的10%以上，则过多氮素的持续还原，将导致烟叶落黄推迟，并且上部叶过厚[29]。

随着氮素水平的增加，烤烟的叶面积也随之增加。不施氮时，烤烟叶片得不到充分发育，烟叶过小。而氮素过多的话，烤烟叶片会旺长，影响烤烟的及时落黄。钾素、磷素对株高的影响不如氮素大，增施氮肥可增加株高，但氮肥过多会引起植株徒长，氮代谢旺盛，叶色浓绿，成熟期延迟，而长成"黑暴烟"。烟碱是烟草具有商品价值的主要原因，它含量的多少及其与烟叶中还原糖等物质的比例关系在决定烟草品质方面有着举足轻重的地位。烟碱含量与烟草的氮素存在极显著的正相关关系，氮是影响烟草烟碱含量的最重要的营养元素。烤烟在生长前期，烟碱对氮的响应不明显，但是在生育后期，烟碱含量随着氮肥用量的增加而增加，总氮的含量则相应地减少。糖类化合物是烟草中最重要的化学成分之一，是形成均衡烟气必不可少的组成部分。糖类物质在抽吸时裂解产物呈酸性，而烟碱及其含氮化合物在抽吸过程中产生碱性化合物，两者达到适当的平衡才能构成舒适柔和的烟气。过高的含糖量也会产生不利影响，糖含量过高时，将破坏烟气酸碱平衡，使烟味平淡，并会带来刺激性。在不同氮水平处理下，总糖、还原糖随着施氮量的增加而增加，当氮素超过一定水平后，其含量却下降。

提高我国烟叶生产水平，生产出符合国内国际卷烟市场要求的优质烟叶，成为我国烟叶生产的当务之急。因此，根据作物的需肥规律，减少肥料的盲目施用，节省肥料用量，治理化肥过量使用产生的污染，保护农田生态系统是实现烟草产业的可持续发展的重要举措。

参考文献

[1] 朱兆良．农田中氮肥的损失与对策 [J]．生态环境学报，2000，9 (1)：1-6.

[2] 何永梅，袁立华．农业生产中的不合理施肥现象 [J]．科学种养，2013 (10)：36.

[3] 张卫峰，马林，黄高强，等．中国氮肥发展、贡献和挑战 [J]．中国农业科学，2013，46 (15)：3161-3171.

[4] 徐华勤，肖润林，邹冬生．长期施肥对茶园土壤微生物群落功能多样性的影响 [J]．生态学报，2007 (8)：3355-3361.

[5] 阮建云，吴洵，石元值，等．中国典型茶区养分投入与施肥效应 [J]．中国土壤与肥料 (5)：9-13.

[6] 阮建云，吴洵．钾、镁营养供应对茶叶品质和产量的影响 [J]．茶叶科学，2003，23 (B06)：21-26.

[7] 韩文炎，李强．茶园施肥现状与无公害茶园高效施肥技术 [J]．中国茶叶，2002 (6)：29-31.

[8] 林心炯，周庆惠，张文锦，等．施肥对乌龙茶茶园土壤肥力的影响 [J]．茶叶科学技术，1992 (2)：24-29.

[9] 夏建国，李静，巩发永，等．茶叶高产优化施肥的模拟研究 [J]．茶叶科学，2005 (3)：11-17.

[10] 潘根生．茶树生育与内源生长素和脱落酸的关系 [J]．茶叶科学，1991 (1)：25-28.

[11] 李春九，潘根生．茶树配方施肥和营养诊断研究 [J]．茶叶，1991，17 (2)：17-21.

[12] 李静，夏建国．氮磷钾与茶叶品质关系的研究综述 [J]．中国农学通报，2005，21 (1)：62.

[13] 伍炳华，韩文炎，姚国坤．茶树氮磷钾营养的品种间差异 Ⅰ．氮肥在茶树品种间的生长和生理效应 [J]．茶叶科学，1991 (1)：11-18.

[14] 杨贤强．茶多酚类毒理学试验及其评价 [J]．浙江大学学报（农业与生命科学版），1992 (1)：23-29.

[15] 杨贤强．茶树氮素代谢研究——植株的全氮量分配与氨基酸代谢的探讨 [J]．茶叶，1982 (1)：10-16.

[16] 叶克林．入世后我国烟草产业的发展趋势与战略取向 [J]．产业经济研

究，2004（6）：21-26.

[17] 陆继锋，唐绅．我国烟叶产业可持续发展问题研究 [J]．中国烟草科学，2006（4）：42-45.

[18] 龙怒．中外烟草业发展比较研究 [J]．产业经济研究，2004（2）：61-69.

[19] 李保江．影响我国烟草行业发展的背景条件分析 [J]．中国工业经济，2001（6）：39-44.

[20] 李春俭，秦燕青，巨晓棠，等．我国烤烟生产中的氮素管理及其与烟叶品质的关系 [J]．植物营养与肥料学报，2007，13（2）：331-337.

[21] 蓟红霞．土壤条件对烤烟生长、养分累积和品质的影响 [D]．北京：中国农业科学院，2006.

[22] 韩锦峰，郭培国．氮素用量，形态，种类对烤烟生长发育及产量品质影响的研究 [J]．河南农业大学学报，1990（3）：3-13.

[23] 冯柱安，彭桂芬．不同氮素形态对烤烟品质影响的研究 [J]．烟草科技，1997（6）：11-15.

[24] 韩锦峰，史宏志．不同氮量和氮源的烟叶高级脂肪酸含量及其与香吃味的关系 [J]．作物学报，1998（1）：125.

[25] 史宏志，韩锦峰，赵鹏，等．不同氮量与氮源下烤烟淀粉酶和转化酶活性动态变化 [J]．中国烟草科学，1999（3）：5-8.

[26] 史宏志，韩锦峰．烤烟碳氮代谢几个问题的探讨 [J]．烟草科技，1998，50（2）：10-15.

[27] 韦翔华，白厚义，陈佩琼．氮，钾，镁营养对烟草产量和产值的效应研究 [J]．广西农业生物科学，2000，19（2）：77-80.

[28] WEYBREW J W, WAN ISMAIL, LONG R. The cultural management of flue-cured tobacco quality [J]．Tobacco international，1983，185（10）：82-87.

[29] 苏德成，郭振业．湖南省湘南优质烤烟生产考察报告 [J]．中国烟草科学，1996，17（3）：39-40.

第十三章　发达国家（地区）化肥减量政策分析及对我国限量施肥的启示

中国以世界 9％左右的耕地养活了世界上近 20％的人口，粮食生产取得举世瞩目成就的背后化肥的作用功不可没[1,2]。联合国粮食及农业组织（FAO）统计数据显示，化肥对农作物产量的贡献率为 40％～60％[3]，肥效试验也证实化肥在粮食增产中的作用高达 50％以上[4]。虽然化肥投入在促进粮食增产、保障国家粮食安全方面发挥了重要的作用，但也引发了严重的农业生态环境问题[5-7]。研究发现，过量投入化肥引发土壤酸化、次生盐渍化、土壤板结、养分失衡等问题，导致耕地质量逐步退化，严重制约着农业的可持续发展[8,9]。如何在保证粮食产量稳定的同时，减少化肥用量是当前农业生产中亟待解决的问题。

中国自 2015 年实施化肥减量增效行动以来成效显著，数据显示，2017 年全国平均施肥强度为 434.40kg/hm² 较 2015 年的 446.10kg/hm²下降 2％，但仍远高于发达国家 225kg/hm²的化肥安全使用上限[10]，化肥减量工作任重而道远。欧盟、美国、日本等发达国家（地区）农业集约化、产业化起步较早，过量投入化肥引发的环境污染问题暴露也较早[11]，20 世纪 80 年代发达国家已经开始重视化肥施用行为及其引发的环境污染问题，并采取了相应的政策措施[12]。经过 30 年的试验和实践，发达国家已经积累了丰富的化肥减量经验。借鉴发达国家在化肥减量方面采取的政策和措施，对于减少农业面源污染、实现农业可持续发展具有重要意义。为此，本章梳理了欧盟、美国和日本等发达国家（地区）化肥减量政策的具体做法和实施成效，分析了共同规律和相似机制，基于中国国情提出实施限量施肥措施并形成对策建议。

一、发达国家（地区）化肥减量政策及成效

1. 欧盟

20 世纪 50～80 年代欧盟各国化肥的投入量高速增长，由此引发的环境污染问题日益升级，欧盟采取了法律强制型和经济激励型两方面政策，并取得显著成效[12]。

法律强制型政策主要包括《饮用水法令》《硝酸盐法令》和《农业环境条例》等多部法律法规，1980 年出台的《饮用水法令》规定饮用水中硝酸盐含量不得超过 50mg/L[13]，此后颁布的《硝酸盐法令》（1991 年）首次明确水体硝酸盐含量超标与肥料过量使用有直接关系，要求划定硝酸盐含量超过 50mg/L 的水域为硝酸盐脆弱地带，并要求成员国采取相应措施降低水体硝酸盐含量。各成员国按照法令要求并结合本国实际情况出台相应的化肥减量控制政策，如英国在硝酸盐脆弱地带实施限制农业活动政策：农户与政府签定限制农业活动协议，明确规定不施或限量施用化肥，政府对农户的损失给予每公顷 65～625 英镑不等的经济补偿[14,15]。此外，英国还通过实施氮肥最高限量标准、有机肥最高限量标准（以 N 计不超过 250kg/hm²）、限定氮肥施用时间三方面措施减少氮肥的施用[14]。基于《硝酸盐法令》德国于 1996 年开始实行的《德国肥料条例》严格规定有机肥的最大用量（以 N 计）：耕地不超过 170kg/hm²，草地不超过 210kg/hm²，同时还限制有机肥料的施用时间，即每年 11 月 15 日至翌年 1 月 15 日养分最易流失的时间内禁止施用有机肥[15]。德国大部分地区还划定了三级水源保护区，并规定了作物种类和施肥标准：一级水源保护区仅允许作为林地和草地，不得种植农作物、施用肥料；二级水源保护区仅允许种植需肥量低的农作物，并严格限制肥料用量；三级水源保护区对作物种类和肥料用量也作出了相应的限定[11]。丹麦氮肥的施用量为强制性标准，磷肥和钾肥为推荐性标准。如沙质黏土种植冬小麦，前茬为冬小麦，氮肥施用上限为 195kg/hm²；若前茬为豌豆，氮肥施用

上限为 $165kg/hm^2$；若前茬为玉米，氮肥施用上限为 $175kg/hm^2$。牧草一年的生长期中，氮肥施用量不得超过 $160kg/hm^{2[16]}$。

除了法律强制型政策，欧盟各成员国还采用经济激励型政策，借助市场、财税政策等激励农民自觉减少化肥用量，或对违反化肥使用政策的农户给予经济惩罚[17]。以荷兰为例，该国 1998 年推行的元素账户系统 MINAS（Mineral Accounting System）详细记录了农户养分投入量和土壤产出量，并通过控制土壤养分残留（或流失）量推进化肥减量。如果土壤养分残留（流失）量在标准范围内，农户无须缴纳税费，如果超出标准，农户需按规定缴纳税费。土壤含氮（折纯）的免税标准为 $140kg/hm^2$，超过该标准每千克氮收取 2.3 欧元税费；土壤含磷（折纯）的免税标准为 $30kg/hm^2$，超过该标准每千克磷收取 9.1 欧元税费[13,18]。除荷兰之外，比利时也对未被农作物吸收而残留于土壤环境中的化肥征收环境税[18]。

相关统计数据显示，过去 30 多年欧盟各国大力实施化肥减量政策、严格执行化肥投入限量制度，氮肥、磷肥用量方面分别比 1980 年初期减少了 30％和 50％，湖泊和近海水体富营养化得以改善[13]，法律强制型政策和经济激励型政策为欧盟生态农业发展奠定了较好的基础，也较大程度上改善了农田生态环境和农业生产环境。

2. 美国

美国在控制化肥用量方面主要依托的政策是最佳管理实践（Best Management Practices，BMPs）。BMPs 实质上是一种综合性经济激励政策，联邦政府对自愿参与 BMPs 政策体系的农户给予一定的农业补贴、技术支持、金融优惠等，通过经济激励调整、引导农户的外部行为，促使农户在生产过程中自觉使用环保型、生态型的耕作技术从而减少化肥用量。其中，残留氮税是美国联邦政府利用经济杠杆减少化肥投入的有效方式，购买氮肥时农户需要支付税费，作物收获后根据作物吸收的氮量农户可得到一定的偿还税款，如果氮肥用量超过作物吸收量，偿还税款低于购买氮肥的支付税费；反之，偿还税款高于购买氮肥的支付税费，农户将得到正补偿[19]。鉴于各州自然条件、土壤肥力和作物结构的差异，美联邦政府未颁布全国性的化肥管理法规[20]，各州根据美国植物食品管理机构协会的指导性意见，并结合当地实际形成各具特色的施肥管理标准。各州并不强制农户采用其推荐的施肥方案，但注重施肥方案的推广示范，艾奥瓦州、新墨西哥州等均选定约5％的农户作为示范户，要求示范户严格执行推荐施肥方案并详细记录施肥过程及效果，示范户每公顷可获得7～28美元的专项补贴[21]。美国自实行BMPs政策以来，化肥用量有效降低，农业面源污染在总污染中的占比由1990年66％～83％下降到2014年的20％左右。

3. 日本

日本化肥减量采取的是公众参与型政策，该政策具有广泛的动员性。日本在发展现代农业过程中，曾因过分强调产出、过度依赖化肥投入，引发了农业环境污染和农产品安全等一系列问题[22]。面对来自资源和环境的双重压力，日本于20世纪90年代初提出发展"环境保全型农业"，1999年颁布《持续农业法》《家畜排泄物法》和《肥料管理法（修订）》，并提出"生态农户"计划，把提高土壤肥力、减少化肥和农药用量的农户登记为"生态农户"[20,23]，"生态农民"可享受硬件补贴、无息贷款支持、税收减免等优惠政策[24]。2006年颁布的《有机农业促进法》明确特别栽培的认证要求化肥、农药用量比常规农业减少50％以上，有机认证要求至少2年不使用任何农药[13]。基于上述政策的引导，环境保全型农业得到全社会的认可，特别栽培和有机肥农产品形成了较好的价格优势和市场竞争力，进一步推进了化肥减量。1992—2012年，日本化肥施用强度由115.5kg/hm² 下降到91kg/hm²，耕地地力和水体质量得以提升，消费者对环境保全型农业的认可度逐步提高，其中67％的消费者了解有机农业，76％的消费者认可环境保全型农业生产的农产品并有购买意愿[23]。

二、发达国家（地区）化肥减量政策解读及适应性分析

欧盟、美国和日本的化肥减量政策均取得了显著的成效，但不

同政策适应范围不同，对我国化肥减量政策研究制定提供了有益的借鉴。

欧盟的法律强制性政策具有普遍约束性，对于推进化肥减量效果最为突出，但是管理和监督成本较高，特别是在农户较多的情况下监督和管理成本更是难以想象。此外，法律强制型政策灵活性较差，而化肥用量需根据作物种类、耕地地力等多种因素灵活调整，单一、固化的法律强制型政策难以全面指导化肥减量工作。从当前来看，欧盟法律强制型政策并不完全适合当前中国国情，毕竟中国农户众多且作物种类多样、种植制度复杂[25]，但对于在种植专业化程度较高、作物种类单一的小范围区域，法律强制性政策因操作简便、成效显著等优势特点，仍具有重要借鉴意义。

美国化肥减量政策倾向于经济激励型政策，具有灵活性强、成本低等优势特点，农户可综合自身条件、经济效益等多方因素选择最适政策，但该政策要求市场具备较为完善、发达的体制机制。对照当前农业行业发展实情，中国农业市场体制并不发达，采取经济激励手段难以引导对市场尚不敏感的农户实施化肥减量。此外，补贴政策本身就存在风险，特别是农户道德水平不高的情况下补贴政策更是难以掌控[26,27]。因此，单一的经济激励型政策难以有效促进中国化肥减量工作，在法律强制型政策背景下叠加使用经济激励型政策，发挥两种政策互补优势不失为一种良策。

日本的公众参与型政策充分调动农民、消费者、社会组织等多方力量参与环保型农业的发展，该政策不具备强制性，无须管理和监督，运作成本低。另外，随着环保理念的不断深入、公众参与度的不断提高，该政策会产生强劲的、可持续的化肥减量推动力，但该政策的顺利实施依托较为发达的农业组织、较高的农户素质。就目前而言，中国尚不具备全面推开的基础，一方面是因为农业组织发展不健全，专业合作社数量不大且运作不规范[28,29]；另一方面是因为农民素质普遍不高，受教育程度低，公共意识、社会责任感淡薄[30]。

三、发达国家（地区）化肥减量政策对中国化肥限量施用的启发

对欧盟、美国和日本化肥减量政策的分析发现，各国（地区）均采取了限制化肥用量的措施。如英国明确规定硝酸盐敏感区域不施或限量施用化肥，丹麦氮肥的用量不得超过强制标准；美国对氮肥用量低于作物吸收量的农户给予超过购买氮肥税费的偿还税，日本政府鼓励生产和销售化肥用量较常规减少 50％以上的特别栽培农产品。中国的研究也认为，确定合理施肥量是获得较高目标产量、维持土壤肥力和降低施肥引起环境污染的关键[31]，为进一步推进化肥减量工作，本章就"限量施用化肥"政策的制定提供了下述参考意见，以期建立一套既具有前瞻性又切实可行的化肥限量使用政策体系。

1. 加强限量施肥立法建设，并配套出台行业政策

一是制定法律法规。完善有效的法律体系是欧盟、美国和日本化肥减量工作切实有效推行的基石[14,32]，针对化肥施用问题，中国先后制定发布了《测土配方施肥技术规程》（2006）、《到 2020 年化肥使用量零增长行动方案》（2015），但中国出台的政策仅停留在倡导性建议层面，尚未建立具有强制力的法律法规体系[33]，且已颁布的政策与农户的生产行为或补贴机制联系不密切，效果不明显。中国正不断加强法制建设推进依法治国，事关农业面源污染治理、乡村振兴大局的化肥使用问题同样需要出台相应的法律法规作为保障。当前亟须借鉴欧洲、美国、日本施肥立法建设经验，加强限量施肥立法建设，做到有法可依。此外，基于中国地域差异明显的特征，除制定全国性的法律法规之外，各地应立足区域实际出台地方政策，并加大执法力度。二是配套出台行业政策。美国根据《农业、农村开发及相关机构拨款法》制定了乡村清洁水计划，又在《联邦水污染控制法》中提出了最佳管理实践 BMPs，行业配套政策的提出高效促进了化肥减量法律法规的执行。中国应在坚持立法先行的前提下，制定切实可行的行动计划或实施意见，采取行业

政策配合法律法规的形式助推限量施肥落实落地落细。

2. 加强行业组织建设，健全技术人才队伍

英国实行以非政府形式为主导的农技推广体系，在推进农业化肥减量过程中充分发挥了农民协会、商业技术公司等行业组织的作用；丹麦农业行业组织既负责维护农户权益，也负责监督和约束农户行为。中国在推进化肥限量施用的过程中应注重行业组织建设，搭建好政府和农户的纽带，借助行业组织力量更好地贯彻落实政府限量施肥政策方针、汇集反馈农户限量施肥困难问题、破解限量施肥技术难题。丹麦化肥限制措施得以迅速落实除了依靠行业组织，农业专业技术人员的作用也功不可没，丹麦在全国共下设 95 个地方服务中心，平均 18 位农民就有一名专职农业技术人员为其提供各种服务，庞大的技术队伍将新技术的推广和应用周期缩短为一年。目前中国已建立了涵盖部、省、市、县、乡镇五级的耕肥技术推广体系，但是技术人员数量普遍偏少，难以全面开展限量施肥工作。下一步应逐步发展壮大技术队伍，为限量施肥工作的推进奠定组织基础。

3. 引导多方力量参与，形成良性互动机制

全面推进化肥限量施用还要借鉴日本公众参与型政策上下结合的良性互动机制，政府层面制定相关法律法规，以日本农协为首的民间组织和有机农业团体积极发动、引导公众参与化肥减量工作，通过影响传统生产理念改进农民施肥行为，或借助价格机制调控生产行为促使农户减少化肥投入[3]。建设有中国特色的化肥减量、限量施肥体系也需要全社会的积极参与和共同推进，可借鉴日本公众参与型政策，由政府引导制定"限量施肥"优质农产品的认定标准，并不断提高"限量施肥"农产品的社会认可度和影响力，增强价格优势和市场竞争力，引导农业组织、农户、消费者多方力量直接或间接参与限量施肥行为。此外，美国、日本等国家充分借助新型农业经营主体力量大力推广施肥新技术新方法，当前中国农业组织已逐步形成并不断发展壮大，可发挥新型农业经营主体的示范带动作用，提高农户限量施肥意识，激发专业大户、家庭农场、农民

合作社、农业产业化龙头企业等新型农业经营主体参与化肥限量施用的积极性。

4. 加强农作物化肥限量施用配套技术研究和创新

技术的集成、推广和应用在各国实施化肥减量过程中均发挥了重要作用，其中美国立足大量田间试验建立施肥指标体系并向农民推荐施肥方案[21]，日本在水稻化肥减量方面推广了机插侧深施肥、育苗箱全量施肥、肥效调节型肥料等技术[34]，英国利用耕地施肥推荐系统开展合理施肥、利用替代性肥料或施用添加剂（硝化抑制剂和脲酶抑制剂）、高环境风险时期不施化肥等技术减少化肥用量[14]。当前中国首要任务是制定化肥限量施用标准，并结合产业，从肥料品种选择、不同肥料施用量、施肥方法等入手，分类制定限量施肥技术规程，确保限量施肥落地到田到作物。充分利用施肥推荐系统指导农民开展化肥限量施用，加大有机肥替代化肥实施力度，大力推广新型肥料，开展机械施肥等简便高效限量施肥技术。

参考文献

[1] 赵雪雁，刘江华，王蓉，等. 基于市域尺度的中国化肥施用与粮食产量的时空耦合关系 [J]. 自然资源学报，2019 (7)：1471-1482.

[2] 曾希柏，陈同斌，林忠辉，等. 中国粮食生产潜力和化肥增产效率的区域分异 [J]. 地理学报，2002 (5)：539-546.

[3] 王祖力，肖海峰. 化肥施用对粮食产量增长的作用分析 [J]. 农业经济问题，2008 (8)：65-68.

[4] 麻坤，刁钢. 化肥对中国粮食产量变化贡献率的研究 [J]. 植物营养与肥料学报，2018，24 (4)：1113-1120.

[5] 尚杰，尹晓宇. 中国化肥面源污染现状及其减量化研究 [J]. 生态经济，2016，32 (5)：196-199.

[6] 陈秋会，席运官，王磊，等. 太湖地区稻麦轮作农田有机和常规种植模式下氮磷径流流失特征研究 [J]. 农业环境科学学报，2016，35 (8)：1550-1558.

[7] 潘丹，郭巧苓，孔凡斌. 2002—2015 年中国主要粮食作物过量施肥程度的

空间关联格局分析 [J]. 中国农业大学学报, 2019, 24 (4): 187-201.

[8] 郭胜利, 周印东, 张文菊, 等. 长期施用化肥对粮食生产和土壤质量性状的影响 [J]. 水土保持研究, 2003 (1): 16-22.

[9] 张北赢, 陈天林, 王兵. 长期施用化肥对土壤质量的影响 [J]. 中国农学通报, 2010, 26 (11): 182-187.

[10] 栾江, 仇焕广, 井月, 等. 我国化肥施用量持续增长的原因分解及趋势预测 [J]. 自然资源学报, 2013 (11): 1869-1878.

[11] 程序, 张艳. 国外农业面源污染治理经验及启示 [J]. 世界农业, 2018 (11): 22-27.

[12] 李芳, 冯淑怡, 曲福田. 发达国家化肥减量政策的适用性分析及启示 [J]. 农业资源与环境学报, 2017, 34 (1): 15-23.

[13] 付晓玫. 欧盟、美国及日本化肥减量的法律法规与政策及其适用性分析 [J] 世界农业, 2017 (10): 80-86.

[14] 刘坤, 仨天志, 吴义良, 等. 英国农业面源污染防控对我国的启示 [J]. 农业环境科学学报, 2016, 35 (5): 817-823.

[15] 朱亮, 张文妍. 农村水污染成因及其治理对策研究 [J]. 水资源保护, 2002 (2): 17-19.

[16] 丹麦为农药化肥使用量立法 [J]. 世界热带农业信息, 2013 (11): 8-11.

[17] 李芳, 冯淑怡, 曲福田. 发达国家化肥减量政策的适用性分析及启示 [J]. 农业资源与环境学报, 2017, 34 (1): 15-23.

[18] 金书秦, 魏珣, 王军霞. 发达国家控制农业面源污染经验借鉴 [J]. 环境保护, 2009 (20): 74-75.

[19] 王方浩, 王雁峰, 马文, 等. 欧美国家养分管理政策的经验与启示 [J]. 中国家禽, 2008, 30 (4): 57-58.

[20] 郭鸿鹏, 徐北春, 刘春霞, 等. 农药化肥规制：美国经验及启示 [J]. 环境保护, 2015, 43 (21): 64-69.

[21] 杨帆. 美国肥料管理模式与启示 [J]. 中国土壤与肥料, 2007 (3): 1-3.

[22] 焦必方, 孙彬彬. 日本环境保全型农业的发展现状及启示 [J]. 中国人口·资源与环境, 2009, 19 (4): 70-76.

[23] 马健, 韩星焕. 日本协同推进环境保全型农业的举措及对我国的启示 [J]. 西北农林科技大学学报（社会科学版）, 2017, 17 (4): 99-105.

[24] 李筱琳, 李闯. 日本现代农业环境政策实施路径研究 [J]. 世界农业, 2014 (4): 83-86.

［25］杨婷，赵文利，王哲怡，等．基于遥感影像 NDVI 数据的中国种植制度分布变化［J］．中国农业科学，2015，48（10）：1915-1925.

［26］王亚芬，周诗星，高铁梅．我国农业补贴政策的影响效应分析与实证检验［J］．吉林大学社会科学学报，2017，57（1）：41-51.

［27］钱加荣，穆月英，陈阜，等．我国农业技术补贴政策及其实施效果研究——以秸秆还田补贴为例［J］．中国农业大学学报，2011，16（2）：165-171.

［28］董红，王有强．农民专业合作社发展的现状、困难及对策探析［J］．云南民族大学学报（哲学社会科学版），2018，35（2）：105-109.

［29］赵美玲，马明冲．我国新型农业社会化服务组织发展现状与路径探析［J］．广西社会科学，2013（2）：111-115.

［30］孙飞，陈玉萍．中国农民发展水平模糊评价［J］．华南农业大学学报（社会科学版），2019（5）：1-14.

［31］巨晓棠．理论施氮量的改进及验证——兼论确定作物氮肥推荐量的方法［J］．土壤学报，2015，52（2）：249-261.

［32］刘冬梅，管宏杰．美、日农业面源污染防治立法及对中国的启示与借鉴［J］．世界农业，2008（4）：35-37.

［33］杨育红．我国应对农业面源污染的立法和政策研究［J］．昆明理工大学学报（社会科学版），2018，18（6）：18-26.

［34］怀燕，陈叶平，毛国娟，等．日本水稻化肥减量施用的经验与启示［J］．中国稻米，2018，24（1）：6-10.

第十四章 我国化肥减量实施路径与对策研究

化肥是重要的农业生产资料，在促进粮食增产和农民增收中发挥着不可替代的作用[1,2]，但化肥的用量并非越多越好，当产量出现峰值后继续提高化肥用量，作物增产效果微乎其微，甚至出现减产、绝产现象[3]。此外，过量施肥不仅增加了农民种粮成本，而且易引发土壤酸化、次生盐渍化、土壤板结、养分失衡等问题，导致耕地质量逐步退化[4,5]。为应对过量不合理施肥引起的一系列负面影响，近年来我国不断加大力度实施化肥减量增效行动，化肥用量连续多年实现"负增长"，化肥减量空间不断压缩，但对标发达国家施肥水平，如何突破化肥减量瓶颈、持续推进化肥减施成为亟待研究的难题。

20 世纪 80 年代，发达国家已经开始重视化肥施用行为及其引发的环境污染问题，发布化肥使用立法，采取了相应的政策措施[6,7]，多数国家实施了限量施肥政策，并取得显著成效。如英国明确规定硝酸盐敏感区域不施或限量施用化肥[8]；美国对氮肥用量低于作物吸收量的农户给予超过购买氮肥税费的偿还税[9]；丹麦氮肥用量为强制性标准，农户施肥不得超过该标准[10]。我国的研究也认为，确定合理施肥量是获得较高目标产量、维持土壤肥力和降低施肥引起环境污染的关键[11]，但相应化肥使用的限量标准及配套的化肥管理法律法规建设严重滞后。为此，本章以浙江省为例，总结其近年来测土配方施肥的经验，开展规模主体免费测土配方行动，率先研究制定了主要农作物化肥投入的最高限量标准，并印发了《关于试行农业投入化肥定额制的意见》[12]，稳步试点推进。

一、实施化肥减量的可行性分析

1. 化肥减量持续环境推进为实施化肥减量夯实了基础条件

自 2013 年开始大力实施化肥减量增效行动以来，浙江省化肥用量由 2013 年的 92.43 万 t（折纯，下同）下降到 2018 年的 77.76 万 t，化肥施用强度由 2013 年的每亩 31.13kg 下降到 2018 年的每亩 26.19kg，实现"六连降"，成效显著（表 14 - 1）。但对照发达国家施肥标准，浙江省化肥施用强度为国际化肥使用安全上限（225kg/hm²）的 1.75 倍[13]；近年浙江省有机肥替代化肥、新型肥料应用、水肥一体化等试验结果表明化肥用量可进一步降低[14,15]，茶园、菜地、果园的肥效试验表明大宗经济作物化肥减量有较大空间[16]。综上所述，发达国家的施肥经验以及近年来的试验结果表明，浙江省化肥用量仍有一定的下降空间。

表 14 - 1　浙江省近年来化肥用量统计

年份	化肥总量（万 t）	氮肥总量（万 t）	每亩农田化肥施用强度（kg）
2013	92.43	50.46	31.13
2014	89.62	47.64	33.26
2015	87.52	46.26	29.49
2016	84.48	44.19	28.52
2017	82.63	42.90	27.86
2018	77.76	50.46	26.19

注：2013—2017 年数据来源于国家统计局，2018 年数据来源于浙江省农业农村厅。

2. 生态保护意识增强为实施化肥减量创造了良好氛围

多年来，浙江省牢固树立和践行"绿水青山就是金山银山"的发展理念，坚持山水林田湖草是一个生命共同体，统筹推进治气、治水、治土三大战役，生态环境不断改善、生态保护理念深入人心，公众参与意识日渐增强[17]。发展资源节约型、环境友好型农业已成为农业高质量发展的主流，测土配方施肥、有机肥替代化肥、水肥一体化等生态、环保、高效施肥技术得到推广应用，为实施化肥定额制营造了良好的社会氛围[18-20]。

3. 农业绿色发展行动为实施化肥减量提供了政策支撑

习近平总书记指出，"绿色发展是农业发展观的一场深刻革命"。浙江省作为全国唯一整省推进的国家农业可持续发展试验示范区暨农业绿色发展试点先行区，2018年，浙江省委省政府出台了《关于再创体制机制新优势　高水平推进农业绿色发展的实施意见》的通知，首次提出了建立化肥最高使用限量制度；浙江省农业农村厅先后印发了《浙江省农业绿色发展试点先行区三年行动计划（2018—2020年）》《浙江省农业绿色发展试点先行区2019年实施计划》《浙江省农业绿色发展指标体系评价办法（试行）》等文件，将"化肥施用强度""化肥定额制施用覆盖率"等指标纳入农业绿色发展指标体系，为化肥定额制实施提供了政策保障。

二、化肥减量的实施路径

1. 化肥减量的标准体系

依托测土配方施肥技术成果、围绕主导产业生产情况，综合耕地地力、需肥规律、目标产量、种植效益等多重因素，遵循粮油作物"减氮、控磷、稳钾"、经济作物"减氮、减磷、控钾"总体施肥要求，制定了《主要农作物化肥定额制施用最高限量标准》，研究发布水稻、葡萄、茶叶、小麦、油菜等作物定额制施肥技术指南（水稻已发布[21]）。各地结合实际，制定当地主要农作物化肥施用的最高用限标准。如黄岩早稻、连作晚稻、单季稻的氮肥限量指标与省定限量标准相比，每亩分别下降了3kg、4kg和3kg。

2. 集成化肥减量的技术措施

一是调整施肥结构。扭转重化肥、轻有机肥的施肥现状，推广秸秆还田、种植绿肥、增施商品有机肥等有机肥替代部分化肥技术。二是推广高效新型肥料。充分发挥配方肥、缓控释肥、有机无机复混肥、脲铵氢肥、水溶肥等新型肥料高效化、长效化、多元化的优势特点，鼓励和引导农户用"用量小"的新型肥料替代"用量大"的传统化肥。三是转变施肥方式。大力发展机械深施、侧深施肥、水肥一体等高效施肥方式，逐步淘汰浅施、撒施、表施等落后施肥技术，提高肥效。四是加强养分周年运筹管理。大力推广菜-稻轮作、果（茶）-绿肥、稻-鱼（虾、鳖）等种养模式，统筹农田土壤周年养分管理，减少化肥用量，确保化肥投入减量工作有效落地。

3. 探索化肥减量的实施路径

将化肥投入定额制纳入化肥减量增效、果菜茶有机肥替代化肥、有机肥推广等项目实施的重要内容，探索建立"政策引导、实名购买、定向补贴、精准施肥、绩效管理"于一体的化肥定额制实施路径。如黄岩区建立了全域全产业推进定额制试点方案，全面实施化肥定额制；富阳、平湖、天台等县采取"测土配方、招标供应、实名购买、定向补贴"的"测供施"模式。2018年起，浙江省组织开展规模主体免费测土配方服务行动，将规模主体土壤质量信息、种植结构、化肥限量标准、施肥建议等纳入信息化管理，研发智慧施肥决策系统和智慧施肥APP，主体可随时查询土壤质量信息和专家的施肥建议，实现精准测土、科学配方、减量施肥，推广"一户一业一方"精准施肥模式。目前浙江省已对2.3万个规模主体开展免费测土配方服务，诸暨等50余县（市、区）推广智慧施肥系统，为化肥定额制实施提供了坚实基础。

4. 建立化肥减量的管理平台

依托省农资监管与信息化平台，或农产品质量安全追溯平台，整合主体信息、土壤类型、种植面积、作物种类、化肥定额标准及化肥购买、使用等信息，实现化肥定额制的信息化管理。依托产业、农资经营等行业协会，推动生产、经营主体签订化肥定额制承诺书，建立施肥档案，落实实名购肥、限量施肥。如黄岩区全面建成生产主体信息库，主体通过"刷卡"或"扫码"等方式购买化肥时，以价格折扣形式直接补贴农户，实现化肥定额销售监管。平湖市落实生产主体定额施用化肥承诺制，实施主体签订承诺书，对违反定额施用承诺的主体取消其政策资金补助资格。

三、对策建议

1. 建立化肥减量的政策体系

在法律法规层面上，完善有效的法律体系是化肥减量工作切实有效推进的基石[22]，《环境保护法》《水污染防治法》《农业法》等中提及应当"合理使用化肥"，但仅停留在倡导性建议层面，并未有相应的禁止性、限制性要求[23]；《农产品质量安全法》《食品安全法实施条例》对农业投入品的使用档案建立有相应规定，但实际执行上仍有较大差距。测土配方施肥等技术对推进化肥定额制有重要意义，但多数以示范为主，不能作为强制性措施大力推行[24]。因此，要针对肥料生产、销售、使用等法律法规不健全的问题，探索推进肥料管理立法，解决化肥使用无法可依的局面。

2. 建立化肥减量的技术体系

长期以来，注重粮油作物施肥技术研究，果菜茶等园艺作物施肥技术研究不足，要依托科研项目，建立技术团队。加强对主要农作物化肥限量施用技术研究，尤其要加强经济作物需肥规律、肥料使用对土壤环境、农产品质量、品质等影响的研究，夯实限量施肥的配套技术。开展新型肥料研制、施肥机械引进、研发，精准施肥作业数字化管理与智能决策、变量施肥等智能装备的技术研发，提高化肥利用率。深入实施规模主体免费测土配方服务，推进"一户一业一方"精准施肥模式，大力推广智慧施肥 APP，夯实主体实施化肥减量的基础。

3. 建立化肥减量的保障体系

总结试点经验，强化组织领导，明确工作责任，将化肥定额制实施纳入高质量发展、乡村振兴战略、农业绿色发展等考核体系，建立政府牵头、多方协同、主体实施的推广机制；探索建立化肥定额制与生态补贴的财政支持体系，加大有机肥、有机无机复混肥、配方肥、水肥一体化等补贴力度；鼓励发展专业化施肥服务组织，支持企业、合作社、肥料经营企业等开展专业化施肥服务，建立代施代管机制，实现小农户与规模主体专业化施肥的有机衔接，促进化肥减量落地见效。

4. 建立化肥减量的工作体系

突出基层耕肥体系建设，落实乡镇农技员责任，树立限量施肥、绿色发展的理念。借助电视、报纸、网络等媒介，全方位、多角度宣传实施化肥减量的重要性和必要性；把化肥减量政策、技术等内容纳入各级农技人员知识更新、农资经营户、生产主体的培训内容；加大先进典型宣传，树立一批化肥减量实施的模式和榜样，通过举办培训班、召开现场会等形式推广化肥减量的好做法、好经验，提高化肥减量的社会认可度，营造实施化肥减量的良好氛围。

四、展望

化肥减量是科学施肥理念、化肥使用制度的重大改革，是运用测土配方新成果、建立化肥减量与生态补偿机制、推动绿色农业高水平发展的技术创新、制度创新和机制创新，将有利于实施"藏粮于地、藏粮于技"战略，有效保护耕地质量，促进农业高质量发展。化肥减量试点先行、强化技术研究、总结实施模式和经验，形成推进化肥减量的技术方案、实施路径、保障机制，为全国化肥减量增效工作提供"浙江方案"。

参考文献

[1] 王祖力，肖海峰. 化肥施用对粮食产量增长的作用分析 [J]. 农业经济问题，2008（8）：65-68.

[2] 麻坤，刁钢. 化肥对中国粮食产量变化贡献率的研究 [J]. 植物营养与肥料学报，2018，24（4）：1113-1120.

[3] 杨军，陈新平，张福锁，等. 应用长期定位试验研究化肥施用的能量效率 [J]. 中国农业大学学报，2003，8（3）：31-36.

[4] 郭胜利，周印东，张文菊，等. 长期施用化肥对粮食生产和土壤质量性状的影响 [J]. 水土保持研究，2003，10（1）：16-22.

[5] 张北赢，陈天林，王兵. 长期施用化肥对土壤质量的影响研究 [J]. 中国农学通报，2009，26（11）：182-187.

［6］李芳，冯淑怡，曲福田．发达国家化肥减量政策的适用性分析及启示［J］．农业资源与环境学报，2017，34（1）：15-23.

［7］付晓玫．欧盟、美国及日本化肥减量的法律法规与政策及其适用性分析［J］．世界农业，2017（10）：80-86.

［8］刘坤，任天志，吴文良，等．英国农业面源污染防控对我国的启示［J］．农业环境科学学报，2016，35（5）：817-823.

［9］王方浩，王雁峰，马文奇，等．欧美国家养分管理政策的经验与启示［J］．中国家禽，2008，30（4）：57-58.

［10］南方农村报．丹麦为农药化肥使用量立法［J］．世界热带农业信息，2013（11）：8-11.

［11］巨晓棠．理论施氮量的改进及验证——兼论确定作物氮肥推荐量的方法［J］．土壤学报，2015，52（2）：249-261.

［12］浙江省农业农村厅 浙江省财政厅《关于试行农业投入化肥定额制的意见》（浙农科发〔2019〕23 号）．http：//www.zjagri.gov.cn/art/2019/8/7/art_1589297_36435903.html.

［13］栾江，仇焕广，井月，等．我国化肥施用量持续增长的原因分解及趋势预测［J］．自然资源学报，2013，28（11）：1869-1878.

［14］怀燕，王岳钧，陈叶平，等．稻田综合种养模式的化肥减量效应分析［J］．中国稻米，2018，24（5）：30-34.

［15］赵川，费冰雁，潘秋波，等．基于芦笋水肥一体化的化肥减量探析［J］．浙江农业科学，2019，60（9）：1573-1576.

［16］倪康，廖万有，伊晓云，等．我国茶园施肥现状与减施潜力分析［J］．植物营养与肥料学报，2019，25（3）：421-432.

［17］翁智雄，马忠玉，朱斌，等."绿水青山就是金山银山"思想的浙江实践创新［J］．环境保护，2018，46（9）：53-57.

［18］丁立忠，潘伟华，马闪闪，等．测土配方施肥对临安山核桃生长和产量的影响［J］．经济林研究，2018，36（4）：33-39.

［19］董作珍，董兰学，王飞，等．不同施肥量和施肥次数对蔺草产量及品质的影响［J］．浙江农业学报，2013，25（5）：1068-1073.

［20］吴春艳，唐旭，陈义．等．不同施肥处理对晚粳稻'浙粳22'产量和养分吸收的影响［J］．浙江农业学报，2011，23（1）：132-137.

［21］浙江省农业农村厅办公室关于印发《浙江省水稻化肥定额制施用技术指导意见》的通知（浙农办〔2019〕15 号）．http：//www.zjagri.gov.cn/

art/2019/8/7/art _ 1589297 _ 36435785. html.

[22] 胡中华, 陈静芝. 化肥过度使用所导致的农业面源污染立法思考 [J]. 安全与环境工程, 2012, 19 (4): 31-34.

[23] 杨育红. 我国应对农业面源污染的立法和政策研究 [J]. 昆明理工大学学报 (社会科学版), 2018, 18 (6): 18-26.

[24] 汪珺, 陈乃祥. 测土配方施肥技术应用现状与展望 [J]. 农业开发与装备, 2018 (10): 201-202.

附件一 浙江省农业投入化肥减量实施办法

近年来，浙江省大力实施化肥减量增效行动，单位种植面积化肥施用量连续 6 年实现负增长，但对照浙江省经济作物面积高、复种指数高、高产作物品种多的"三高"种植结构，对标发达国家施肥水平，对表国家对农业绿色发展先行区的考核要求，化肥减量仍有较大空间。实施化肥减量，是通过制定主要作物化肥投入定额标准，综合采取免费测土、科学配方、合理替代、精准施肥等措施，达到减少农田化肥投入、保障耕地综合产能、优化生态环境质量的目标。这是全面落实"藏粮于地、藏粮于技"战略、保障粮食安全的一项重要举措，是推动农业供给侧结构性改革，促进农业发展方式从数量型增长向质量效益型增长转变的必然要求。各地务必高度重视，积极试点，总结经验，形成化肥减量的技术方案、实施路径、考核办法及保障机制，为全国化肥减量增效工作提供"浙江方案"。

一、主要目标

按照"先易后难、疏堵结合、试点先行、多措并举、稳步推进"的原则，加大耕地培肥、免费测土、精准施肥的力度，推广替代化肥的肥料品种和高效施肥技术，研究制定全省主要作物化肥投入的定额标准，探索建立化肥定额施用的体制机制。确保商品有机肥、配方肥和有机无机复混肥年施用量分别保持 100 万 t、30 万 t 和 10 万 t 以上，水肥一体化技术每年实施面积超过 3.33 万 hm²，专业化施肥达到 40%，做到"两不下降两负增长"，即耕地地力不下降、作物产量不下降，年化肥施用总量负增长，氮肥施用量持续负增长。主要分三步走：

第一步，开展试点。2019 年在农业绿色发展先行示范项目县率先试点，选择主导产业（农业园区、乡镇）开展试点，稳步推进，鼓励其他县（市、区）自行开展试点。

第二步，全力推进。2020 年，在全省范围内整县制推进化肥减量实施。

第三步，全面建立。2022 年全省全面建立主要作物化肥投入的定额制度，化肥、氮肥用量比 2018 年下降 5％。

二、重点工作

（一）通过制定标准实现限量施用。根据近年来测土配方施肥成果，综合耕地地力、作物需肥规律、目标产量、种植效益等多重因素，遵循粮油作物"减氮、控磷、稳钾"、经济作物"减氮、减磷、控钾"总体施肥要求，建立全省主要作物化肥投入的定额制度。各地围绕耕地地力、作物生产等实际情况，研究出台当地的化肥投入定额标准，原则上不高于省里制定的化肥定额标准（高产攻关除外）。

（二）通过建立平台实现定额管理。优化浙江省农资监管与信息化平台，整合主体姓名、电话及化肥购买等信息。鼓励推行"刷卡"或"扫码"等方式购买化肥，通过信息系统自动分析主体相关信息。支持农资经营店配备身份识别、销售 POS 终端，探索建立自助购肥、立等可取等购肥新体验。自有购销系统的县（市、区）要与省平台对接，确保台账记录实时上传。

（三）通过建立档案实现追溯管理。依托各类行业协会，推动规模主体签订化肥定额施用承诺书，建立肥料施用档案，纳入农产品质量安全信用管理，实现可追溯。支持合作社、肥料生产经营企业等开展专业化施肥服务，建立代施代管机制，实现小农户与规模主体化肥定额施用的有机衔接。县级农业农村部门负责建立主体数据库和资金补贴档案，核实主体姓名、主体类型、种植作物及规模等信息。

（四）通过养分替代实现化肥减量。从养分替代的角度出发，采取推广有机肥、秸秆还田、种植绿肥、增施新型肥料、创新农作制度等措施，加大有机养分替代化肥的力度，实现化肥减量。在经济作物上，优先推广有机肥（生物有机肥）、有机无机复混肥、水溶肥等。在粮油作物上，优先推广配方肥、有机无机复混肥、缓（控）释肥等新型肥料。大力推广菜-稻轮作、果（茶）-绿肥、稻-鱼（虾、鳖）等种养模式，统筹农田土壤周年养分管理，实现大幅度减少化肥使用量目标。

（五）通过技术推广实现化肥减量。从肥效提升的角度出发，通过施肥技术和模式推广，提高肥料利用率，实现化肥减量。深入开展规模生产主体免费测土配方服务，按照"精准测土、科学配方、减量施肥"的要求，建立"一户一业一方"施肥模式，建立全省规模主体智慧施肥 APP 管理，实现精准施肥。推广机械深施、种肥同播、侧深施肥、水肥一体等高效施肥技术，逐步淘汰浅施、撒施、表施等落后施肥技术。研究制定主要作物化肥投入定额施用技术指南，创新化肥定额施用的技术模式和长效机制。

三、保障措施

（一）加强工作评价。化肥减量实施情况纳入美丽浙江建设、农业绿色发展等工作评价体系。各级农业农村主管部门要认真研究，精心谋划，制订方案，建立领导小组，明确责任领导、责任单位和时间进度，创新工作机制，确保组织到位、力量到位和工作到位，切实推进化肥减量实施。

（二）加大政策扶持。完善商品有机肥补贴政策，探索建立以工作实效为导向的财政奖补机制；统筹整合实施相关资金项目，加大对配方肥、有机无机复混肥推广应用的扶持力度，推动形成总量控制、政策引导、绩效考核、激励约束制度体系。具体政策措施由省农业农村厅、省财政厅另行制定。

（三）加强科技研发。依托省重大科技研发项目、省"三农六方"科技协作项目等，依靠产业技术团队专家力量，加强对主要农作物化肥投入定额制施用技术研究。重点开展定额施肥背景下主要作物优质丰产绿色生产技术研究，开展地力培肥、土壤改良、不同种植制度周年施肥技术及新肥料替代技术研究。开展施肥机械引进、研发，精准施肥作业数字化管理与智能决策、变量施肥等智能装备的技术研发，实现科技研发上的突破。

（四）强化技术推广。依托产业技术项目、全国农技推广补助项目等，依靠基层农技推广体系，落实责任农技制度，开展基层农技人员知识更新培训，确保测土配方、水肥一体化等技术推广有人负责。积极鼓励农业科研院校、产业协会、农业龙头企业、农民专业合作社、联合社等参与化肥减量应用技术推广。依托"千万农民素质提升工程"，组织化肥经营门店、农业规模主体开展培训，确保相关技术落地见效。

（五）加强宣传引导。各地要及时总结化肥减量工作的好做法、好经验，利用电视、网络、培训班等形式，全方位、多角度宣传实施化肥减量的意义。将化肥减量政策、技术等内容列入各级农资经营户、生产主体的重点培训内容，切实增强化肥定额施用的责任意识。

附件二　浙江省水稻化肥定额制施用技术指导意见

根据《浙江省农业绿色发展试点先行区三年行动计划（2018—2020年)》（浙农科发〔2018〕14号）和《浙江省农业农村厅关于印发农业绿色发展试点先行区2019年实施计划的通知》（浙农科发〔2019〕8号）精神，现将浙江省水稻化肥定额制施用技术指导意见公布如下。

一、总体要求

围绕农业绿色发展要求，遵循"经济施肥、环保施肥、增产施肥"理念，以免费测土配方施肥成果为依托，依据水稻产量、土壤肥力状况以及省定的作物化肥投入的最高限量标准，合理确定水稻施肥量。优化施肥结构，大力推广配方肥、有机无机复合肥、缓（控）释肥等肥料；推广科学施肥方法，集成应用机械深施、种肥同播、侧深施肥等高效施肥技术，提高肥料利用率；坚持施肥与培肥地力相结合，发展绿肥种植，鼓励增施有机肥，做好秸秆还田，多措并举，切实减少水稻生产化肥和氮肥使用量。

二、基本原则

水稻生产化肥投入按照"减氮、控磷、稳钾"思路，严格控制化肥和氮肥总量投入。

一是坚持限量管理。按照化肥定额制要求，水稻化肥使用量不超过省制定的最高限量标准，控制水稻生产化肥和氮肥投入。

二是坚持分类指导。根据目标产量、土壤供肥能力、田间肥效试验和肥料利用率确定氮、磷、钾施用量，按照"一户一业一方"

的要求，制定精准施肥建议方案，推进水稻生产化肥投入的限量施用。

三是坚持综合施策。采取调整化肥品种、增加有机养分投入、改变施肥方法等技术，构建水稻科学环保施肥技术模式，实现增产增效、保护环境。

三、施肥建议

针对目前水稻氮肥用量偏高、有机肥用量少的现状，遵循"减氮控磷稳钾"原则，采取有机肥与无机肥相结合，控制氮肥总量，中微量元素因缺补缺，并结合不同水稻品种、耕作制度进行适当调整的施肥策略。

（一）早稻（前茬为空闲田或冬绿肥）

1. 有机肥料施用量

每亩施用商品有机肥 250～300kg 或紫云英鲜草还田 1 500kg。

2. 产量水平在每亩 400kg 以下

每亩施氮肥（N）小于 7kg，磷肥（P_2O_5）小于 3.5kg，钾肥（K_2O）4.5kg。

3. 产量水平在每亩 400～600kg

每亩施氮肥（N）7～10kg，磷肥（P_2O_5）3.5～5kg，钾肥（K_2O）4.5～5.5kg。

4. 产量水平在每亩 600kg 以上

每亩施氮肥（N）10～11kg，磷肥（P_2O_5）5.0～5.5kg，钾肥（K_2O）5.5～6.5kg。

在肥料选择上，以选择与当地土壤肥力相适应的配方肥、有机无机复合肥等为宜；在施肥方法上，基肥采取耖田深施、侧深施肥等方式；在施肥比例上，氮肥的 60%～70%作基肥、30%～40%作追肥，磷肥、钾肥全部作基肥。

（二）连作晚稻

1. 有机肥料施用量

每亩施用商品有机肥 250～300kg 或早稻秸秆全量还田。

2. 产量水平在每亩 500kg 以下

每亩施氮肥（N）小于 10kg，磷肥（P_2O_5）3.5kg 以下，钾肥（K_2O）7kg 以下。

3. 产量水平在每亩 500～700kg

每亩施氮肥（N）10～11kg，磷肥（P_2O_5）3.5～4.5kg，钾肥（K_2O）9～10kg。

4. 产量水平在每亩 700kg 以上

每亩施氮肥（N）11～13kg，磷肥（P_2O_5）4kg，钾肥（K_2O）10～11kg。

在肥料选择上，以选择与当地土壤肥力相适应的配方肥、有机无机复合肥、缓（控）释肥等为宜；在施肥方法上，基肥采取秒田深施、侧深施肥等方式；在施肥比例上，氮肥的 60% 作基肥、40% 作分蘖肥，磷肥全部作基肥，钾肥 70% 作基肥、30% 作穗肥。

（三）单季稻（前茬为小麦、油菜、绿肥）

1. 有机肥料施用量

每亩施用商品有机肥 300～500kg 或紫云英鲜草还田 1 500kg 或麦秆全量还田。

2. 产量水平在每亩 500kg 以下

每亩施氮肥（N）小于 9kg，磷肥（P_2O_5）3.5kg 以下，钾肥（K_2O）7kg 以下。

3. 产量水平在每亩 500～600kg

每亩施氮肥（N）10～12kg，磷肥（P_2O_5）3.5～4.5kg，钾肥（K_2O）8～10kg。

4. 产量水平在每亩 600～800kg 以上

每亩施氮肥（N）12～14kg，磷肥（P_2O_5）4.5～5kg，钾肥（K_2O）10～12kg。

5. 产量水平在每亩 800kg 以上

每亩施氮肥（N）14～16kg，磷肥（P_2O_5）5～5.5kg，钾肥（K_2O）12～13.5kg。根据肥力条件可以适当提高氮肥和钾肥用量。

在肥料选择上，以选择与当地土壤肥力相适应的配方肥、有机无机复合肥等为宜；在施肥方法上，基肥以采取秒田深施、侧深施肥等方式；在施肥比例上，氮肥50％作基肥、50％作追肥，磷肥全部作基肥，钾肥60％作基肥、40％作追肥。高产水稻底肥每亩应增施高效硅肥5～10kg，齐穗和灌浆期叶面喷施氨基酸钙镁肥以促进光合作用。

附件三　浙江省秋冬种主要作物化肥定额制施用技术指导意见

根据《浙江省农业农村厅　浙江省财政厅关于试行农业投入化肥定额制的意见》（浙农科发〔2019〕23 号）和《浙江省农业绿色发展试点先行区三年行动计划（2018—2020 年）》（浙农科发〔2018〕14 号）等文件精神，制订本技术指导意见。

一、总体要求

围绕绿色农业高质量发展要求，遵循"经济施肥、环保施肥、增产施肥"理念，以测土配方施肥成果为依托，依据当前秋冬种主要作物的产量、土壤肥力状况以及《主要作物化肥定额制施用标准参考指标（试行）》，合理确定小麦、油菜等秋冬种主要作物化肥投入的最高限量标准。优化施肥结构，大力推广配方肥、有机无机复混肥、缓（控）释肥等新型高效肥料；转变施肥方式，集成应用机械深施、种肥同播等高效施肥技术，提高肥料利用效率；倡导用地养地相结合，鼓励增施有机肥，推广秸秆还田，多措并举，切实减少秋冬种作物化肥用量。

二、基本原则

小麦、油菜生产化肥投入按照"减氮、控磷、稳钾"思路，遵循"氮肥总量控制、分期调控，磷、钾依据土壤丰缺适量调整"原则，严格控制化肥总量和氮肥投入。

一是坚持限量管理。按照化肥定额制总体要求，统筹稻-麦、稻-油周年养分管理，控制秋冬种主要作物小麦、油菜化肥和氮肥投入量，小麦、油菜化肥使用量不超过省定的最高限量标准。

二是坚持分类指导。根据目标产量、土壤供肥能力、田间肥效试验和肥料利用率确定氮、磷、钾施用量，按照"一户一业一方"的要求，制定精准施肥建议方案，推进小麦、油菜等秋冬种作物化肥投入的限量合理施用。

三是坚持综合施策。采取调整化肥品种、增加有机养分投入、改变施肥方法等方式，构建小麦、油菜科学环保施肥技术模式，实现增产增效、保护环境。

三、施肥建议

(一) 小麦

针对当前浙江省小麦生产施肥环节中存在的化肥用量偏高、重施化肥轻施有机肥、重施大量元素轻施中微量元素、氮磷钾配比不合理等问题，按照以产定肥、因缺补缺原则，采取有机无机、农机农艺相结合的方式，小麦亩均化肥（折纯，下同）和氮肥（折纯，下同）用量分别不超过 18kg 和 10kg。

1. 有机肥料施用量

前茬水稻秸秆还田后每亩增施商品有机肥 200～250kg。

2. 产量水平每亩 250kg 以下

每亩施氮肥（N）小于 7.0kg，磷肥（P_2O_5）和钾肥（K_2O）均小于 3.5kg。

3. 产量水平每亩 250～300kg

每亩施氮肥（N）7.5～8.5kg，磷肥（P_2O_5）和钾肥（K_2O）均为 3.5～4.0kg。

4. 产量水平每亩 300kg 以上

每亩施氮肥（N）9.0～10.0kg，磷肥（P_2O_5）和钾肥（K_2O）均为 4.0～4.5kg。

在肥料种类上，选择与当地土壤肥力相适应的配方肥、有机无机复合肥、缓（控）释肥等为宜；在施肥方法上，基肥采取秸秆粉碎、种肥同播、适度镇压等机械作业方式一体化完成；在施肥比例上，氮肥的 40% 作基肥、60% 作追肥在小麦拔节初期施用，磷、钾肥全部作基肥。土壤缺锌地区在齐穗期和灌浆期每亩可喷施硫酸锌 0.5kg，以促进光合产物的合成与转移，达到增产稳产目的；土壤有效磷、速效钾含量相对较低地区，磷、钾用量根据土壤磷、钾丰缺程度适当调整，但化肥总用量应控制在每亩 18kg 以内。

（二）油菜

针对当前油菜化肥用量偏高、有机肥用量较少的现状，遵循"减氮、控磷、稳钾"思路，采取有机肥与无机肥相结合，中微量元素因缺补缺，并结合不同油菜品种、耕作制度适当调整的施肥策略，油菜亩均化肥和氮肥用量分别不超过 21kg 和 12kg。

1. 有机肥料施用量

水稻秸秆还田后每亩配施商品有机肥 250～300kg。

2. 产量水平每亩 100～150kg

每亩施氮肥（N）8.5～9.5kg，磷肥（P_2O_5）和钾肥（K_2O）均小于 4.0kg。

3. 产量水平每亩 150～200kg

每亩施氮肥（N）9.5～10.5kg，磷肥（P_2O_5）和钾肥（K_2O）均为 4.0～4.5kg。

4. 产量水平每亩 200kg 以上

每亩施氮肥（N）10.5～12.0kg，磷肥（P_2O_5）和钾肥（K_2O）4.5～5.0kg。

在肥料种类上，选择与当地土壤肥力相适应的配方肥、有机无机复合肥等为宜；在施肥方法上，移栽油菜可采用穴施或条施，直播油菜采用开沟覆土或种肥同播技术；在施肥比例上，移栽油菜氮肥的 40%～50% 作基肥、50%～60% 作追肥，直播油菜氮肥的 60%～70% 作基肥、30%～40% 作追肥，磷、钾肥全部作基肥，同时可每亩基施或分期喷施硼砂溶液 0.5～1.0kg，以促进油菜生长发育。土壤有效磷、速效钾含量相对较低地区，应根据土壤磷、钾丰缺程度适当调整磷、钾肥用量，但化肥总用量应控制在每亩 21kg 以内。

附件四 浙江省茶叶化肥定额制施用技术指导意见

根据《浙江省农业农村厅 浙江省财政厅关于试行农业投入化肥定额制的意见》（浙农科发〔2019〕23号）和《浙江省农业绿色发展试点先行区三年行动计划（2018—2020年）》（浙农科发〔2018〕14号）文件精神，现将浙江省茶叶化肥定额制施用技术指导意见公布如下。

一、总体要求

围绕农业绿色发展要求，遵循"科学施肥、控产提质"理念，以免费测土配方施肥成果为依托，依据作物产量、土壤肥力状况以及省定的作物化肥投入的最高限量标准，合理确定作物施肥量。优化施肥结构，大力推广配方、缓（控）释肥、水溶肥等新型高效肥料；推广科学施肥方法，集成应用机械深施、水肥一体等高效施肥技术，提高肥料利用率；坚持施肥与培肥地力相结合，发展绿肥种植，鼓励增施有机肥，做好秸秆还田，多措并举，切实减少茶叶化肥和氮肥用量。

二、基本原则

茶叶化肥投入按照"减氮、降磷、控钾"思路，严格控制化肥和氮肥总量投入。

一是坚持限量管理。按照化肥定额制要求，茶叶化肥使用量不超过省制定的最高限量标准，控制茶叶化肥和氮肥投入。

二是坚持分类指导。根据茶叶种类、目标产量、土壤供肥能力、田间肥效试验和肥料利用率确定氮、磷、钾施用量，按照"一户一业一方"的要求，制定精准施肥建议方案，推进茶叶生产中化肥投入的限量施用。

三是坚持综合施策。采取调整化肥品种、增加有机养分投入、改变施肥方法等技术，构建茶叶科学环保施肥技术模式，实现提质增效、保护环境。

三、施肥建议

（一）常规施肥技术指导意见

1. 特异品种（白化茶、黄化茶）

每亩施饼肥 150～200kg 或商品有机肥 200～300kg；每亩施氮肥（N）8～12kg，磷肥（P_2O_5）3～4.5kg，钾肥（K_2O）4.5～6kg（增加氮、磷、钾配比）。

2. 名茶

每亩施饼肥 100～150kg 或商品有机肥 150～200kg；每亩施氮肥（N）12.5～15kg，磷肥（P_2O_5）3～4.5kg，钾肥（K_2O）3～4.5kg。

3. 大宗茶

每亩施饼肥 150～200kg 或商品有机肥 200～300kg；每亩施氮肥（N）15～20kg，磷肥（P_2O_5）4～5kg，钾肥（K_2O）4～6kg。若为超高产茶园（干茶产量每亩高于 200kg），每亩施饼肥 150～200kg 或商品有机肥 200～300kg；每亩施氮肥（N）20～27kg，磷肥（P_2O_5）4～6kg，钾肥（K_2O）4～8kg。

4. 既采收名茶又采收大宗茶的茶园施肥参照大宗茶施肥标准执行

在肥料种类上，建议选择与土壤肥力相适应的配方肥、茶树专用肥。在施肥方法上，基肥采用开沟施肥或机械深施，追肥撒施后翻耕入土。在施肥时间上，以 10 月中旬前后施用基肥为宜，特异品种和名茶在春茶开采前 30～40d 和采摘后各追肥一次，大宗茶在春茶采摘前 20～30d、春茶采摘后、夏茶采摘后各追肥一次。在施肥比例上，特异品种、名茶为氮肥的 40%～50% 作基肥、50%～

60%作追肥，大宗茶为氮肥的30%作基肥、70%作追肥，磷肥、钾肥全部作基肥。此外，建议增施镁肥，每亩用量为MgO 1～3kg。

（二）水肥一体化施肥技术指导意见

1. 特异品种（白化茶、黄化茶）

每亩施饼肥150～200kg或商品有机肥200～300kg；追肥采用水肥一体化技术，每亩施氮肥（N）9～11kg，磷肥（P_2O_5）2.5～4kg，钾肥（K_2O）3～5kg。

2. 名茶

每亩施饼肥100～150kg或商品有机肥150～200kg；追肥采用水肥一体化技术，每亩施氮肥（N）10～12kg，磷肥（P_2O_5）2～4kg，钾肥（K_2O）2.5～4kg。

3. 大宗茶

每亩施饼肥150～200kg或商品有机肥200～300kg；追肥采用水肥一体化技术，每亩施氮肥（N）12～18kg，磷肥（P_2O_5）3～5kg，钾肥（K_2O）3.5～6kg。若为超高产绿茶（干茶产量每亩高于200kg），追肥每亩施氮肥（N）18～22kg，磷肥（P_2O_5）4～6kg，钾肥（K_2O）3.5～6kg。

4. 既采收名茶又采收大宗茶的茶园施肥参照大宗茶施肥标准执行

在肥料种类上，以选择与茶树生长相适宜的水溶性肥料为宜。在施肥方法上，基肥采用开沟施肥或机械深施，追肥采用水肥一体化滴灌施肥。在施肥时间上，以10月中旬前后施用基肥为宜，特异品种于1～9月通过水肥一体化技术追肥12～14次，首次施肥在开采前20～30天；名茶、大宗茶和超高产茶于1～9月通过水肥一体化技术追肥6～7次，名茶首次施肥在开采前30～40d，大宗茶和超高产茶首次施肥在开采前20～30d。此外，建议增施镁肥，每亩用量为MgO 1～3kg。

附件五　浙江省果树等作物化肥定额制施用技术指导意见

根据《浙江省农业农村厅　浙江省财政厅关于试行农业投入化肥定额制的意见》（浙农科发〔2019〕23 号）和《浙江省农业绿色发展试点先行区三年行动计划（2018—2020 年）》（浙农科发〔2018〕14 号）文件精神，现将浙江省果树等作物化肥定额制施用技术指导意见公布如下。

一、总体要求

围绕农业绿色发展要求，遵循"科学施肥、控产提质"的理念，以免费测土配方施肥成果为依托，依据作物产量、土壤肥力状况以及省定的作物化肥投入的最高限量标准，合理确定作物施肥量。优化施肥结构，大力推广配方肥、缓（控）释肥、水溶肥等新型高效肥料；推广科学施肥方法，集成应用机械深施、水肥一体等高效施肥技术，提高肥料利用率；坚持施肥与培肥地力相结合，发展绿肥种植，鼓励增施有机肥，做好秸秆还田，多措并举，切实减少果树等作物化肥和氮肥用量。

二、基本原则

果树等作物化肥投入按照"减氮、降磷、控钾"思路，严格控制化肥和氮肥总量投入。

一是坚持限量管理。按照化肥定额制要求，果树等作物化肥使用量不超过省制定的最高限量标准，控制化肥和氮肥投入。

二是坚持分类指导。根据果树等作物种类、目标产量、土壤供肥能力、田间肥效试验和肥料利用率确定氮、磷、钾施用量，按照

"一户一业一方"的要求，制定精准施肥建议方案，推进果树等作物生产中化肥投入的限量施用。

三是坚持综合施策。采取调整化肥品种、增加有机养分投入、改变施肥方法等技术，构建果树等作物科学施肥技术模式，实现提质增效、保护环境。

三、施肥建议

（一）柑橘（目标产量：每亩 2 000～3 000kg）

1. 配方施肥法

（1）基肥

每亩施商品有机肥 500～1 000kg 或饼肥 350～400kg；幼龄果园行间可选择种植苕子、山黧豆、蚕豌豆、三叶草、黑麦草等绿肥。

（2）追肥

花前肥：一般在 2 月下旬至 3 月中旬，以氮、磷肥为主，每亩施氮肥（N）6.5～7.5kg、磷肥（P_2O_5）1.5～2kg。

壮果肥：果实膨大期以复合肥为主，每亩施氮肥（N）3.5～5kg、磷肥（P_2O_5）1.5～2kg、钾肥（K_2O）2.5～4kg。

采前肥：在采收前 20d 左右，以磷、钾肥为主，每亩施磷肥（P_2O_5）1.5～2kg、钾肥（K_2O）5～6.5kg。

采后肥：以有机肥、复合肥为主，每亩施氮肥（N）5～6kg、磷肥（P_2O_5）2～3kg、钾肥（K_2O）5～6kg。

在肥料种类上，以选择与当地土壤肥力相适应的配方肥、柑橘专用肥、商品有机肥等为宜。在施肥方法上，采用树冠滴水线处开环状沟或树盘内开挖放射状沟施入，集成应用机械深施、钻孔施肥等高效施肥技术，提高肥料利用率。钙和镁严重缺乏的果园，建议施用钙、镁等中量元素肥料。缺硼、锌的柑橘园，可通过叶面喷施含硼、锌的微量元素肥料进行矫正。

2. 水肥一体化施肥法

（1）基肥

每亩施商品有机肥 500～1 000kg 或饼肥 350～400kg；幼龄果

园行间可选择种植苕子、山黧豆、蚕豌豆、三叶草、黑麦草等绿肥。

（2）追肥

花前肥：一般在 2 月下旬至 3 月中旬，以高氮型水溶肥（如15-6-9＋Te）为主，每次每亩用量 8～10kg，共 2 次。

壮果肥：果实膨大期以氮、钾平衡型水溶肥（如 12-6-12＋Te）为主，每亩施 30～40kg。根据早、中、晚熟品种生长期，分2～4 次施用，总量不变。

采前肥：在采收前 20d 左右，以高钾型水溶肥（如 9-6-15＋Te）为主，每次每亩用量 10～13kg，共 1～2 次。

采后肥：以平衡型水溶肥（如 12-6-12＋Te）为主，每次每亩用量 5～8kg，共 2～3 次。

在肥料种类上，根据不同生长期选择高氮、高钾及平衡型水溶肥等为宜。在施肥方法上，采用水肥一体化方式通过滴灌施肥。钙和镁严重缺乏的果园，建议施用钙、镁等中量元素肥料。缺硼、锌的柑橘园，可通过叶面喷施含硼、锌的微量元素肥料进行矫正。

（二）梨（目标产量每亩 1 500～2 000kg）

1. 配方施肥法

（1）基肥

每亩施有机肥 800～1 200kg，钙镁缺乏的果园可基施钙镁磷肥 30kg。幼龄果园行间可选择种植苕子、山黧豆、蚕豌豆、三叶草、黑麦草等绿肥。

（2）追肥

花前肥：施高氮型复合肥，每亩施氮肥（N）2～3.5kg、磷肥（P_2O_5）1～1.5kg、钾肥（K_2O）1～1.5kg。

壮果肥：施氮肥、钾肥为主的果树专用肥，每亩施氮肥（N）6～8kg、磷肥（P_2O_5）5～6kg、钾肥（K_2O）8～10kg。

采后肥：施高氮型复合肥，每亩施氮肥（N）2～3.5kg、磷肥（P_2O_5）1～1.5kg、钾肥（K_2O）1～1.5kg。

在肥料种类上，以选择与当地土壤肥力相适应的配方肥、梨树专用肥、商品有机肥等为宜。在施肥方法上，采用树冠滴水线处开环状沟或树盘内开挖放射状沟施入，集成应用机械深施、钻孔施肥等高效施肥技术，提高肥料利用率。钙和镁严重缺乏的果园，建议施用钙、镁等中量元素肥料。缺硼、锌的果园，可通过叶面喷施含硼、锌的微量元素肥料进行矫正。

2. 水肥一体化施肥法

（1）基肥

每亩施商品有机肥 800～1 200kg，钙镁缺乏的果园可基施钙镁磷肥 20kg。幼龄果园行间可选择种植苕子、山黧豆、蚕豌豆、三叶草、黑麦草等绿肥。

（2）追肥

花前肥：在 3 月上中旬、梨树开花前，施高氮型水溶肥（如 15-6-9＋Te）2 次，每次每亩用量 8～9kg。

壮果肥：在 5 月中下旬，施平衡型水溶肥（如 12-6-12＋Te），每次每亩用量 13～15kg，共 2 次。

采前肥：在 6 月中下旬，施高钾型水溶肥（如 9-6-15＋Te），每次每亩用量 12～14kg，共 2 次。

采后肥：在 7 月底至 8 月中旬、梨果采收后，施高氮型水溶肥（如 15-6-9＋Te），每次每亩用量 3～5kg，共 2 次。

在肥料种类上，根据不同生长期选择高氮、高钾及平衡型水溶肥等为宜。在施肥方法上，采用水肥一体化方式进行施肥。钙和镁严重缺乏的果园，建议施用钙、镁。缺硼、锌的果园，可通过叶面喷施含硼、锌的微量元素肥料进行矫正。

（三）桃（目标产量：每亩 1 250～1 500kg）

1. 配方施肥法

（1）基肥

在 10 月初至 11 月上中旬，每亩施商品有机肥 800～1 200kg 和 45％普通复合肥 20kg。幼龄果园行间可选择种植苕子、山黧豆、蚕豌豆、三叶草、黑麦草等绿肥。

（2）追肥

花前肥：在 2 月底至 3 月上旬，施高氮型复合肥，每亩施氮肥（N）2～3.5kg、磷肥（P_2O_5）1～1.5kg、钾肥（K_2O）1～1.5kg。

壮果肥：施氮、钾为主的果树专用肥，每亩施氮肥（N）7.5～9kg、磷肥（P_2O_5）3～4kg、钾肥（K_2O）10～12kg。

采后肥：施高氮型复合肥，每亩施氮肥（N）2～3.5kg、磷肥（P_2O_5）1～1.5kg、钾肥（K_2O）1～1.5kg。

在肥料种类上，以选择与当地土壤肥力相适应的配方肥、桃树专用肥、商品有机肥等为宜。在施肥方法上，采用树冠滴水线处开环状沟或树盘内开挖放射状沟施入，集成应用机械深施、钻孔施肥等高效施肥技术，提高肥料利用率。钙、铁、镁、硼、锌或铜肥等中微量元素采用"因缺补缺"、矫正施用的管理策略，可通过喷施叶面肥形式进行根外追肥。

2. 水肥一体化施肥法

（1）基肥

每亩施商品有机肥 800～1 200kg、45％普通复合肥（15-15-15）20kg。幼龄果园行间可选择种植苕子、山黧豆、蚕豌豆、三叶草、黑麦草等绿肥。

（2）追肥

花前肥：在 2 月底至 3 月初、桃树开花前，每亩施高氮型水溶肥（如 15-6-9＋Te）5～6kg。

壮果肥：在采前 45d 左右，施高钾型水溶肥（如 9-6-15＋Te）2 次，每次每亩用量 13～15kg。

采前肥：在桃果采收前 20d 左右，施高钾型水溶肥（如 9-6-15＋Te）2 次，每次每亩用量 8～10kg 或 1 次用量 12kg。

采后肥：在桃果采收后，施高氮型水溶肥（如 15-6-9＋Te）2 次，每次每亩用量 3～5kg。

在肥料种类上，根据不同生长期选择高氮、高钾型水溶肥等为宜。在施肥方法上，采用水肥一体化方式通过滴灌施肥。钙、铁、镁、硼、锌或铜肥等中微量元素采用"因缺补缺"、矫正施用的管理策略，可通过喷施叶面肥形式进行根外追肥。

（四）葡萄（目标亩产量：欧亚种 1 500～1 750kg，欧美种 1 000～1 500kg）

1. 配方施肥法

（1）基肥

葡萄以秋施基肥为佳，一般每亩施 1 000kg 商品有机肥。缺硼、锌、镁和钙的果园，相应每亩施用硫酸锌 1～1.5kg、硼砂 1～2kg、钙镁磷肥 30～50kg，与有机肥混匀后在 9 月中旬到 10 月中旬施用（晚熟品种采果后尽早施用）。

（2）追肥

花前肥：新梢和花序生长期，以氮肥为主，配合少量磷、钾肥，每亩施氮肥（N）4～5kg、磷肥（P_2O_5）2～3kg、钾肥（K_2O）2～2.5kg。叶面喷施含镁水溶肥 1～2 次。

膨果肥：幼果开始生长，以氮肥为主，适当配合磷、钾肥，每亩施氮肥（N）4～4.5kg、磷肥（P_2O_5）2～2.5kg、钾肥（K_2O）4～5.5kg。根据品种成熟期早晚，分 1～2 次施用。叶面喷施含钙镁水溶肥 1～2 次。

采前肥：浆果逐渐着色成熟，以钾肥为主，配合少量氮肥，每亩施氮肥（N）3～4kg、磷肥（P_2O_5）1～2kg、钾肥（K_2O）6～7.5kg。

采后肥：葡萄采摘后，施高氮型复合肥，每亩施氮肥（N）1～1.5kg、磷肥（P_2O_5）0.3～0.5kg、钾肥（K_2O）0.5～0.8kg。

在肥料种类上，以选择与当地土壤肥力相适应的配方肥、葡萄专用肥、商品有机肥等为宜。在施肥方法上，采用沟施或穴施方式。钙、镁、锌、铜肥等中微量元素采用"因缺补缺"、矫正施用的管理策略，可通过喷施叶面肥形式进行根外追肥。此外，可在葡萄开花期喷施硼肥以提高坐果率。

2. 水肥一体化施肥法

（1）基肥

葡萄以秋施基肥为佳，一般每亩施 1 000kg 商品有机肥。缺硼、锌、镁和钙的果园，相应每亩施用硫酸锌 1～1.5kg、硼砂 1～2kg、钙镁磷肥 30～50kg，与有机肥混匀后在 9 月中旬到 10 月中旬施用（晚熟品种采果后尽早施用）。

（2）追肥

花前肥：新梢和花序生长期，施高氮型水溶肥（如 15-6-9＋Te）2 次，每次每亩用量 8～10kg。叶面喷施含镁水溶肥 1～2 次。

膨果肥：幼果开始生长，施平衡型水溶肥（如 12-6-12＋Te），每亩施 30～35kg，根据品种成熟期早晚，分 2～3 次滴施，总量不变。叶面喷施含钙镁水溶肥 1～2 次。

采前肥：浆果逐渐着色成熟，施高钾型水溶肥（如 9-6-15＋Te）2 次，每次每亩用量 10～12kg。

采后肥：葡萄采摘后，施高氮型水溶肥（如 15-6-9＋Te）2～3 次，每次每亩用量 3～5kg。

在肥料种类上，根据不同生长期选择高氮、高钾型水溶肥等为宜。在施肥方法上，采用水肥一体化方式通过滴灌施肥。钙、镁、锌、铜肥等中微量元素采用"因缺补缺"、矫正施用的管理策略，可通过喷施叶面肥形式进行根外追肥。此外，可在葡萄开花期喷施硼肥以提高坐果率。

（五）甘蔗（目标产量每亩 6 000～8 000kg）

1. 果蔗

（1）基肥

每亩施商品有机肥 500～800kg，施用高氮低磷高钾型复合肥，每亩施氮肥（N）8～10kg、磷肥（P_2O_5）4～5kg、钾肥（K_2O）6～7kg。适量增施钙镁肥和硅肥。

（2）追肥

每亩施氮肥（N）10～13kg、磷肥（P_2O_5）1～3kg、钾肥（K_2O）9～11kg。结合小培土、中培土、大培土等农事操作，分 2～3 次施用。

2. 糖蔗

（1）基肥

每亩施商品有机肥 500～800kg。施用高氮低磷高钾型复合肥，每亩施氮肥（N）6.5～8kg、磷肥（P_2O_5）3.5～4kg、钾肥（K_2O）4.5～5.5kg。适量增施钙镁肥和硅肥。

（2）追肥

结合培土，分1～2次，每亩施氮肥（N）8～10kg、磷肥（P_2O_5）1～2kg、钾肥（K_2O）7～9kg。

在肥料种类上，以选择与当地土壤肥力相适应的不含氯配方肥、有机无机复合肥等为宜。在施肥方法上，基肥采取秒田深施方式，追肥结合培土进行。钙、镁、硅等中量元素肥料可作基肥，也可以选择叶面肥喷施。